Collection d'Ouvrages Utiles

J. Dybowski

GUIDE DE JARDINAGE

PARIS
C. MARPON & E. FLAMMARION
Éditeurs
26 Rue Racine

GUIDE

DE JARDINAGE

PARIS. — IMP. C. MARPON ET E. FLAMMARION, RUE RACINE, 26.

GUIDE

DE

JARDINAGE

PAR

JEAN DYBOWSKI

Secrétaire de la Société nationale d'Horticulture de France,
Maître de Conférences d'Horticulture
à l'École nationale d'Agriculture de Grignon.

Ouvrage illustré de 93 Figures.

PARIS

C. MARPON ET E. FLAMMARION
ÉDITEURS
26, RUE RACINE, PRÈS L'ODÉON

PRÉFACE

Nous avons voulu faire un livre simple. Ce n'était pas une raison pour ne pas chercher à le rendre instructif.

Cependant afin de le mettre à la portée de tous, il en fallait limiter la dimension et par suite choisir ce qui pourrait être le plus utile. Pour cette raison nous avons cru devoir faire la plus large part aux notions générales qui, à notre sens, sont la base de tout enseignement horticole. Résumant toutes les connaissances utiles elles permettent de faire du jardinage non pas seulement dans tel ou tel cas particulier, mais dans tous ceux qui se peuvent présenter.

Peut-être s'étonnera-t-on de ne pas trouver ici la description de toutes les plantes qui peuvent concourir à l'ornementation des jardins? Mais des livres plus ou moins complets, comprenant l'énumération et la culture des végétaux, existent en grand nombre; il en est d'excellents. Nous avons voulu éviter de tomber dans la réédition de ce qui a été fait jusqu'à ce jour.

Nous nous adressons spécialement aux possesseurs de petits jardins, et c'est pour cette raison que nous entrons dans quelques détails relatifs à l'établissement et à l'entretien des serres et abris. Plus un jardin est petit, plus on peut y concentrer ses soins, et la culture des plantes exotiques est souvent celle qui intéresse le plus. D'ailleurs, dans l'état actuel de nos exigences, nous ne saurions nous contenter de cultiver les seuls végétaux qui viennent chez nous à l'air libre.

Si ce petit livre peut contribuer à développer le goût de l'horticulture, cet art charmant, et s'il fournit aux amateurs quelques indications utiles, nous serons arrivés au but que nous nous étions proposé d'atteindre.

Il nous reste à remercier MM. de Vilmorin et Cie, qui ont bien voulu mettre à notre disposition les beaux clichés de leur maison, ainsi que M. H. Gobin pour le soin scrupuleux qu'il a apporté à l'exécution de tous nos dessins originaux.

Jean DYBOWSKI.

CALENDRIER HORTICOLE

JANVIER

Jardin d'agrément.

Le plus souvent à ce moment de l'année, le sol est trop gelé pour que l'on y puisse toucher; si, cependant, la température vient à s'élever, répandant sur les massifs une couche d'engrais, on peut procéder déjà à leur labour annuel. Cette opération sera précédée par celle de la taille des arbustes, en se gardant toutefois, de toucher à ceux qui devront bientôt donner une floraison hâtive. Tels : les *forsythia, jasmin nudiflore*, etc., que l'on ne taillera qu'après la floraison. La transplantation des arbustes, le remplacement de ceux qui sont morts, devra avoir été fait dès longtemps à l'avance.

Les corbeilles pourront déjà donner quelques fleurs : *hellébores, pensées,* dont les fleurs se seront conservées depuis l'automne; *primevères,* qui commenceront déjà à se développer.

Dans la serre, les plantes bulbeuses mises en pot à l'automne donneront leur floraison : *jacinthes, tulipes, narcisses à bouquets, crocus.* Si on a eu le soin de rentrer quelques potées de *violettes,* on en aura en cette saison quelques belles fleurs; c'est le moment de la floraison des *primevères de Chine.*

Jardin potager.

Comme produit on a des *poireaux*, des *scorsonères*, des *mâches*, des *épinards*, du *persil*, et si on a eu soin de les abriter de châssis, de l'*oseille* et des *laitues*.

Dès que la terre sera dégelée on labourera et fumera tout le terrain libre.

A la fin du mois on sèmera à l'air libre, les *oignons de couleur*, les *poireaux*, les *carottes courtes*, les *fèves*. On plantera en costière, les *laitues* et *romaines* abritées pendant l'hiver sous cloches.

Si l'on construit des couches, on y sèmera des *carottes grelots*, des *radis écarlates* ou *roses à bout blanc* et on plantera de la *laitue gotte*, provenant du plant conservé sous cloches.

Jardin fruitier.

S'il ne gèle pas, on badigeonnera les vieux arbres avec de la chaux ou autre substance, pour détruire les mousses et les insectes qui se logent dans les anfractuosités de l'écorce.

FÉVRIER

Jardin d'agrément.

On peut, dès ce moment, planter les corbeilles qui n'ont pas été garnies à l'automne : on y mettra à demeure, les *pensées*, *silènes*, *myosotis*, *giroflées*, *primevères*, *aubrietia*, etc., que l'on a élevés dans le potager. On en garnira les bords des massifs, les plates-bandes.

On pourra semer en place la *julienne de Mahon*, les
pieds-d'alouettes, *clarkia*, *godelia*, etc.

Dans la serre, les plantes commencent à pousser vigoureusement pour peu que l'on chauffe. On les maintiendra
en végétation et l'on pourra commencer le bouturage de la
plupart des plantes qui serviront à garnir le jardin pendant
l'été : *géranium*, *héliotrope*, *anthemis*, *verveine*, *ageratum*, etc.

Semer sur couche *amarantes*, *cobéas*, *giroflées quarantaines*, *verveines*, etc.

On aura la floraison des premières *anémones* dans le
jardin, des *hellébores*, des *primevères*. Dans la serre, les
cinéraires et les plantes bulbeuses vont donner une abondante floraison.

Jardin potager.

On sème : *carotte*, *oseille*, *cerfeuil*, *radis*, *pois*, *ciboule*,
panais, *persil*, *oignon*, *choux cabus*. On plante les *laitues*
et *romaines* conservées sous cloches pendant l'hiver.

C'est le moment de préparer le terrain pour la plantation
des *asperges*, de débutter à la fin du mois les *artichauts* qui
vont commencer à pousser.

Sur couche, comme le mois précédent, on sème *radis* et
carottes et on plante des salades, et aussi les premiers
choux-fleurs. On sème les *laitues* et *romaines* dont le plant
sera repiqué plus tard dans le jardin, en pleine terre.

Jardin fruitier.

On taille les arbres fruitiers et on réserve les rameaux qui
doivent servir à leur multiplication. Ceux du *poirier*, *prunier*, sont enterrés le long d'un mur au nord et serviront au
greffage ; ceux des *groseillers*, des *vignes*, sont destinés à
faire des boutures.

MARS

Jardin d'agrément.

En année normale commencent avec ce mois, les floraisons nombreuses qui le rendent plus orné, plus gai : les *giroflées*, les *pensées*, les *primevères*, les *anémones hépatiques*, les *jacinthes*, les *violettes*. Les *pêchers* à fleurs doubles couvrent leurs rameaux d'une profusion de fleurs roses ou rouges.

C'est le moment de refaire les gazons ou de regarnir par un semis et un terreautage ceux que l'on veut conserver. On taille les *rosiers*.

Vers la fin du mois on met en végétation sur couche, les *dahlias*, *cannas*, *caladium*, *bégonia simperflorens*, *discolor*, etc. On peut encore faire des boutures de toutes les plantes qui doivent garnir le jardin pendant l'été. On peut semer déjà les *reine-marguerite*, les *balsamines*, les *zinnias*, les *œillets de Chine*, *œillets d'Inde*, *amaranthes*.

On peut encore mettre en place les arbustes à feuilles persistantes et notamment les conifères qui réussiront mieux, plantés à cette époque, qu'en hiver.

Dans la serre, c'est le moment de la pleine végétation, on arrose souvent et on couvre le vitrage de claies dès que le soleil devient trop chaud.

Jardin potager.

On plante les *asperges;* on découvre complètement les *artichauts* et on laboure le terrain qui les environne si ce travail n'a pas encore était fait. On plante : *laitues, romaines, choux-fleurs,* dont les plants proviennent de semis d'automne. Dès ce moment, les *laitues* et *romaines* pourront être semées dehors, ainsi que les *choux* d'automne et d'hiver. Tous les semis du mois précédent peuvent être encore continués. Il faudra veiller à ce que le sol ne se dessèche pas sous l'action constante des vents, et pour cela, on bassinera souvent les semis.

On plante les *pommes de terre* germées.

Sur couche, on sème les *concombres*, les *aubergines*, les *melons*, les *tomates*, les *courges*, dont les plants seront repiqués sitôt après la levée. Si l'on veut récolter des *fraises* de bonne heure, on recouvre la plantation de châssis que l'on entoure de réchauds.

Les *pissenlits* et *chicorées sauvages* qui ont été buttés poussent en soulevant la terre; c'est le moment d'en commencer la récolte.

Jardin fruitier.

C'est habituellement le mois où l'on taille les *péchers d'espaliers* qui commencent déjà à se couvrir de fleurs. La taille terminée, on répand le long des espaliers des engrais divers que l'on enfouit par un léger labour.

Si l'hiver a été long et rigoureux, on peut ne planter qu'au commencement de ce mois quelques arbres fruitiers; c'est la dernière limite de la plantation, laquelle réussira toujours mieux si on la fait à l'automne.

Faire les marcottes de *vignes*, les greffes en fente. Placer les abris au-dessus des murs d'espalier.

AVRIL

Jardin d'agrément.

Le gazon pousse; il faut déjà le faucher une première fois, après quoi, on en découpera les bords à la bêche, et s'il y a lieu, on sarclera pour enlever les mauvaises herbes qui ont pu s'y développer.

On sème, si l'on ne l'a pas encore fait, toutes les graines de plantes annuelles indiquées comme pouvant être semées le mois précédent. On sèmera en place dans les plates-bandes, les *nemophiles*, le *réséda*, les *gypsophiles*, etc.

Dans la serre on rempote toutes les boutures faites en terrines sous cloche, les tubercules de *canna*, *bégonia discolor* et autres, mis précédemment en végétation. On rempote de même dans de plus grands pots, les plantes qui se développent rapidement et qui manquent déjà de nourriture. On arrose souvent et on bassine. Il faut se méfier de l'action du soleil qui devient très chaud et qui pourrait brûler les plantes de la serre.

On habitue les plantes élevées sous châssis, à l'action de l'air, en soulevant chaque jour les vitrages.

Jardin potager.

Les *asperges* commencent à pousser, on les récolte à mesure qu'elles percent la butte de terre amoncelée sur chaque griffe. Les *artichauts* qui se sont mis à repousser vigoureusement sont déchaussés, puis œilletonnés. On enlève les filets qui se produisent sur les *fraisiers* et on couvre le sol d'un paillis. Si le temps est sec on arrosera fréquemment. A bonne exposition on sème les premiers *haricots*. On sème à nouveau les *laitues*, *romaines*, *carottes*, *radis*, *oseille*, *pois*, *choux de Milan* et de *Bruxelles*.

Les couches donnent d'abondants produits en *radis*, *salades* et *carottes*. On y plante à demeure, les *melons*, *concombres* et *tomates* dont on fait de nouveaux semis pour mettre plus tard le plant en pleine terre. On sème sur couche, le *céleri*, *chicorée frisée*, etc.

Jardin fruitier.

Les arbres commencent à pousser. On ébourgeonnera les

péchers et *poiriers;* dès que les bourgeons seront suffisamment longs on les pincera.

MAI

Jardin d'agrément.

Si le temps est sec on arrosera les pelouses qui seront fauchées désormais tous les dix ou quinze jours. Dès après un de ces fauchages, dans la seconde quinzaine du mois, on procédera à la garniture des corbeilles.

Après avoir enlevé les plantes dont la floraison est passée, *silènes, myosotis, primevères, giroflées,* que l'on jette si ce sont des plantes annuelles ou que l'on replante dans le potager si, comme les primevères, ce sont des plantes vivaces, on laboure les corbeilles, opération dont on profite pour incorporer au sol l'engrais nécessaire. On plante les végétaux élevés en serres : *géraniums, héliotropes,* etc., en apportant la plus grande diversité possible dans la composition des corbeilles; la plantation faite, on recouvre le sol de paillis; on arrose.

On plante les groupes de plantes çà et là sur les pelouses et l'on garnit aussi les bords des massifs de bois.

C'est le moment de la floraison d'une foule d'arbustes et d'arbres d'ornement : *lilas, forsythia, aubépines, fauxébéniers, cerisiers* et *pommiers à fleurs doubles.*

On plante en planches, dans le potager, les *chrysanthèmes* et *asters,* qui serviront à garnir le parterre à l'automne.

Jardin potager.

On met en place les *concombres, courges, tomates,* quand les gelées ne sont plus à craindre ou même dès le commencement du mois, mais à la condition d'abriter avec des cloches. On peut encore planter des *melons* sur les couches qui ont servi à faire les semis et élever les plantes de toute sorte.

On sème en pleine terre les *salades*, les *radis*. On plante les *laitues*, *romaines*, *céleris* dont les semis ont été faits antérieurement. On sème en place les *cardons*.

Les *pois* et les *fèves* sont pincés au-dessus des fleurs pour hâter la maturation.

On arrose abondamment les *fraisiers*, dont on continue à enlever les filets et aussi tous les légumes en voie de développement.

Jardin fruitier.

On continue à faire les pincements. On enlève à la fin du mois les auvents placés au-dessus des murs. On donne à la *vigne* un premier soufrage pour la préserver des atteintes de l'*oïdium*. Commencer les greffes en écusson à œil poussant.

JUIN

Jardin d'agrément.

Les principaux travaux consistent en arrosages, chaque jour renouvelés; fauchage des gazons et ratissage des allées qu'il faut maintenir constamment propres.

Les *roses* donnent une abondante floraison. Les plantes des corbeilles reprises, commencent à garnir le jardin qui est dans tout son éclat.

On arrache les oignons des *tulipes*, *jacinthes* et les griffes de *renoncules* et d'*anémones* que l'on laisse ressuyer à l'ombre; on les replantera en septembre.

On taille les *lilas* et autres arbustes à floraison printanière, afin d'enlever les rameaux défleuris et les faire repousser vigoureusement.

On sème les *giroflées, pâquerettes, primevères,* etc.

Jardin potager.

On arrose chaque jour et l'on continue les semis des salades, *haricots, carottes.* La récolte des *asperges* doit cesser vers le 15 de ce mois; par contre, les *artichauts* montrent fleur. On peut encore semer des *concombres* qui croîtront rapidement.

Semer : *scaroles* et *chicorées frisées,* que l'on repiquera plus tard.

Les châssis deviennent inutiles; on les met à l'abri et l'on en profitera pour les repeindre. Les cloches sont rangées dans un coin du jardin.

Jardin fruitier.

On continue les pincements et on palme tous les rameaux qui sont trop longs pour se soutenir d'eux-mêmes. Les rameaux de prolongement, non pincés, seront palissés plus ou moins verticalement suivant leur vigueur relative. On pratique le palissage de la vigne dont chaque rameau est attaché après avoir été pincé. On inspecte les pêchers et on taille en vert s'il y a lieu; si le fruit est trop abondant on en enlève. Pour préserver les *pommes* d'espalier contre les atteintes des vers, on les enferme chacune dans un sac en papier que l'on n'enlèvera qu'à l'automne. Si les espaliers de *vignes* languissent, on leur redonne de la vigueur en donnant un ou deux arrosages avec de l'eau tenant des engrais en dissolution.

b.

JUILLET

Jardin d'agrément.

On sème les *pensées* sur vieilles couches ou en pleine terre. On sème encore les *primevères, œillets de poète, penstemon* et en serre les *primevères de Chine* les *cinéraires*. On greffe les *églantiers* en écusson. On continue à arroser abondamment et à faucher les pelouses. On fait le marcottage des *œillets des fleuristes*. On donne des tuteurs aux *dahlias* et autres plantes.

Jardin potager.

On coupe les coulants de *fraisiers* et on les repique en planches pour en faire du plant qui sera mis en place à l'automne.

Les *ails, échalottes*, sont récoltés par un temps sec.

On sème les *navets, raiponces, mâches, épinards, radis noirs*, etc. On sème en pépinière les premiers *oignons blancs*.

Jardin fruitier.

On greffe en écusson et cette opération sera renouvelée le mois prochain si la reprise n'a pas eu lieu. On continue les palissages.

Ciseler les grappes de *raisin*.

Effeuiller les *pêches* pour que les fruits se colorent.

AOUT

Jardin d'agrément.

On remplace dans les plates-bandes les plantes qui commencent à passer, par des *reines-marguerites*, des *balsamines*, des *œillets d'Inde*, des *bégonias bulbeux*, levés en mottes et replantés avec soin. On peut encore semer les *pensées*, les *giroflées quarantaines*. On continue le greffage des *églantiers*. On arrose abondamment.

On commence les boutures de *géraniums*.

On sème les *silènes* et les *myosotis*.

Jardin potager.

On sème les *oignons blancs* que l'on repiquera plus tard. Les *mâches*, *épinards*, *radis*, seront semés en place. On repique les *chicorées* et *scaroles*. A la fin du mois on sème les *choux d'York* et *cœur-de-bœuf*. On sème les *navets*. Les semis de *carotte* faits en ce mois, recouverts de feuilles à l'automne, donneront leurs produits en hiver. Les *laitues gotte* et *Georges* semées en ce mois et repiqués à trois par cloche, en septembre, donneront un bon produit d'automne.

On récolte les *pommes de terre* hâtives, les *échalottes*.

Jardin fruitier.

On peut appliquer la taille d'août aux arbres très vigoureux; elle aura souvent un effet très favorable. On pince, sur la *vigne*, les rameaux anticipés et on donne un soufrage. On récolte les fruits à mesure qu'ils mûrissent. C'est le moment de pratiquer la greffe en approche et la greffe de boutons à fruits.

SEPTEMBRE

Jardin d'agrément.

Pour maintenir le jardin constamment propre il devient dès ce mois, indispensable de donner de fréquents coups de râteau afin d'enlever les feuilles qui commencent à tomber et qui donnent au jardin un aspect désolé. Pour la même raison on balaie les pelouses à l'aide d'un balai de bouleau.

On bouture toutes les plantes d'ornement qui doivent passer l'hiver en serre : *héliotrope, ageratum, calcéolaire, anthémis, cuphea,* etc. On rempote les boutures de *géranium.* On met en pot tous les oignons à fleurs : *jacinthes, tulipes, crocus, narcisses,* et on enterre les pots le long d'un mur pour ne les rentrer en serre que plus tard. On met en godets les plants de *cinéraires* et *primevères de Chine.*

On arrose avec des engrais liquides les *chrysanthèmes;* On leur donne des tuteurs. On repique les *pensées, silènes, myosotis.*

A l'aide de la bêche, on coupe les racines de serre plantées en pleine terre sur les pelouses et qui devront être arrachées au commencement du mois suivant.

Jardin potager.

On sème les derniers *radis.* Il est encore temps de semer la *mâche* et les *épinards.* Les *fraisiers* sont mis en pots si l'on veut plus tard les mettre en serre pour en avoir des produits hâtifs. On peut, à la fin du mois, planter sous châssis des *laitues* que l'on récoltera en décembre.

On arrache et on rentre les *oignons.*

Jardin fruitier.

On met les *raisins* en sacs pour les préserver des atteintes des oiseaux. On enlève les feuilles qui les privent de l'action solaire.

OCTOBRE

Jardin d'agrément.

Souvent dès le commencement de ce mois les gelées blanches détruisent en une nuit toutes les plantes de nos parterres. Dès lors on arrache tous ces végétaux et l'on a eu le soin de mettre à l'abri, dans la serre, tous ceux qu'on tient à conserver. On rentre sous la bâche de la serre les bulbes de *bégonias*, les *caladiums*, les *dahlias*, les *cannas*. Les plates-bandes et les corbeilles débarrassées des plantes gelées sont immédiatement replantées soit avec des *chrysanthèmes*, des *asters*, des *hellebora*, des *choux* à feuilles d'ornement qui feront une belle garniture d'automne, soit avec les *giroflées*, *pensées*, *silènes*, qui ne fleuriront qu'au printemps suivant.

C'est le moment, à la fin du mois, de remanier les massifs afin de remettre à leur place les arbustes qui ont trop grandi et de remplacer ceux qui sont morts.

Constamment on ramasse les feuilles tombées : elles serviront à abriter les plantes délicates. On fauche les gazons une dernière fois avant l'hiver.

Dans la serre il devient utile de faire du feu et d'enlever les feuilles qui jaunissent. On donnera de l'air en soulevant les châssis toutes les fois qu'il fera encore chaud ; pour la nuit on placera les paillassons sur la serre et les châssis qui abritent les plantes délicates.

Jardin potager.

On coupe les rameaux des *asperges* et on enlève les buttes, puis on fume. Il est bon d'enlever des œilletons d'*artichaut* et de les mettre en pot sous châssis ; plantés de bonne heure au printemps, ils prendront un développement rapide.

On sème une dernière fois les *mâches* et les *épinards*. On repique les *oignons blancs* et les *choux* semés en août.

Les dernières *chicorées frisées* et les *scaroles* sont liées et, à la fin du mois, mises sous châssis.

On rentre dans la cave les *carottes*, *navets*, *panais*.

On sème à la fin du mois les *laitues gottes* et *Georges* qui, repiquées sous cloches, seront plantées en place au printemps. On met sur couche, des racines de *chicorée sauvage* et de *pissenlit*. On plante en place les *fraisiers* et on met des châssis sur les *fraisiers de tous les mois*.

Jardin fruitier.

On prépare le terrain pour la plantation des arbres fruitiers, laquelle devra se faire, s'il est possible, à la fin de ce mois. On récolte les dernières *poires*.

NOVEMBRE

Jardin d'agrément.

On enlève les dernières feuilles tombées; et si l'on ne doit plus se promener dans le jardin, on relève le sable des allées en tas afin qu'il ne se gâche pas pendant l'hiver. On entoure de feuilles ou de litière les plantes sensibles, *gynerium*, *bambou*, *palmier-chanvre*, qui, recouverts d'une caisse en bois peut très bien passer l'hiver dehors sous le climat de Paris.

On chauffe la serre et on y rentre les plantes bulbeuses qui fleuriront à la fin du mois prochain.

Jardin potager.

On butte les *artichauts* pour les protéger des froids. On rentre dans le cellier les *cardons*; on couvre de paillassons les *céleris*. Les *choux pommés* sont arrachés et mis en jauge près d'un mur au nord. On plante les *choux cœur-de-bœuf*. On plante sur couches des *laitues*, puis les vieilles griffes d'*asperges*.

Jardin fruitier.

On continue la plantation des arbres fruitiers. On peut commencer la taille des *poiriers* et *pommiers*.

Coucher et recouvrir de terre les rameaux des figuiers.

DÉCEMBRE

Jardin d'agrément.

Les mêmes travaux d'entretien peuvent encore être exécutés s'il ne gèle pas. On arrache les *chrysanthèmes* que l'on met sous châssis et les *asters* que l'on transporte dans le potager. La place qu'ils occupaient sera plantée en plantes à floraison printannière.

On chauffe la serre et on la couvre de paillassons que l'on laisse même toute la journée s'il fait trop froid.

Jardin potager.

On construit des couches, on y plante des *laitues* et on y sème des *radis* et des *carottes*.

On couvre les *artichauts* de litière et on les découvre si le temps se met au beau.

Jardin fruitier.

Il est préférable de ne pas tailler s'il gèle même faiblement. De même on s'abstient de planter par un temps de gelée.

———

GUIDE DE JARDINAGE

PREMIÈRE PARTIE

NOTIONS GÉNÉRALES

Toute étude, pour être menée à bonne fin, doit être conduite avec ordre et méthode. Plus le livre est restreint et l'étude rapide, plus le classement doit être net et précis afin d'éviter les redites et les pertes de temps. C'est pourquoi, même dans le cadre restreint de cet ouvrage, est-il indispensable de fournir quelques notions générales à la connaissance desquelles nous aurons sans cesse recours dans la suite.

Quand on sait bien comment on peut multiplier les végétaux par les procédés si divers qu'une longue pratique a su perfectionner, quand on connaît avec détail les exigences culturales des plantes, quand on sait enfin régler à son gré l'action des divers agents qui influent sur la végétation, on peut dire que l'on sait toute l'horticulture.

C'est à ces notions générales qu'il nous faut consacrer quelques instants.

LE SOL

Le sol est le milieu dans lequel les plantes fixent leurs racines et puisent leurs aliments. Il se présente avec une grande diversité d'aspect, de couleur, de consistance. A ces différences correspondent des qualités et des défauts distincts.

On sait que le sol se compose essentiellement de trois éléments fondamentaux qui sont : la silice, le calcaire et l'argile. Ces substances se mélangent entre elles dans des proportions très diverses. On est convenu d'ajouter au mot terre le qualificatif qui dérive du nom de l'élément dominant. C'est ainsi que l'on dit qu'une terre est siliceuse, que telle autre est calcaire ou argileuse. Mais cela ne veut pas dire que cette terre est essentiellement composée d'un seul de ces éléments; cela indique simplement que cet élément y domine. Quand il y a deux éléments prédominants on ajoute les deux qualificatifs : une terre peut donc être silico-argileuse, argilo-calcaire, etc. Quand les trois éléments sont en mélange de proportion égale, on dit que la terre est *franche*. C'est celle qui passe pour être la meilleure. Elle convient au plus grand nombre de plantes.

Certaines plantes croissent indifféremment dans

telle ou telle terre, mais le plus généralement chaque plante a son sol préféré. D'aucunes ne croissent que dans tel terrain et meurent forcément si on les place dans une autre terre.

C'est qu'en effet cette différence de composition chimique correspond aussi à des caractères physiques spéciaux. Les terres argileuses, argilo-calcaires sont compactes et retiennent l'humidité. Les sols où la silice domine sont légers et se dessèchent facilement; ils restent peu cohérents, tandis que ceux où l'argile domine se pressent en masse et se fendent quand ils se dessèchent.

Ces éléments sont toujours associés dans des proportions très variables à des substances organiques en décomposition qui forment l'*humus*. Les terres des jardins ne sont fertiles qu'à la condition d'être riches en humus.

Dans les jardins la composition du sol n'influe pas toujours d'une façon sensible. En effet, quand on cultive bien les jardins de production, on fournit à la terre une grande quantité de fumiers divers au point que la nature de celle-ci se trouve bientôt modifiée. Elle s'unifie, sous cette influence d'une fumure très abondante, devient noire, peu compacte, très fertile, c'est la terre dite de jardin. Cette terre convient à la culture de presque toutes les plantes. Les fleurs des parterres, les légumes, s'en accommodent très bien. Nous verrons que, lorsqu'il s'agit de cultiver des arbres dont les racines s'enfoncent profondément dans le sol, la terre de jardin n'est quelquefois pas celle qui convient le mieux. Mais ce sont là des cas particuliers qui trouveront leur indication à leur place respective.

Certaines plantes ne croissent que dans une terre spéciale désignée sous le nom de *terre de bruyère* Elle est de nature siliceuse et mélangée à d'abondants débris organiques, ce qui lui donne une couleur d'un brun noirâtre. Son nom lui vient de ce que, formée dans les clairières des bois, dont les feuilles fournissent l'humus, elle est couverte d'une végétation abondante dans laquelle les bruyères dominent.

Autrefois, les jardiniers considéraient cette terre de bruyère comme indispensable à la culture d'une foule de plantes. On sait, actuellement, que l'on peut la remplacer, non sans succès, par les éléments qui la composent, sable siliceux et terreau de feuilles, mélangés artificiellement et dans des proportions variables, suivant que l'on veut avoir une terre plus ou moins légère. Cette terre est très recherchée pour la culture en pot d'un grand nombre de plantes.

LABOURS

Le sol, afin d'être toujours fertile et de convenir au bon développement des végétaux qu'il porte, doit être fréquemment labouré. On peut poser en principe que, toutes les fois qu'une terre devient libre et avant qu'on ne l'occupe à nouveau, il convient de la labourer.

Les raisons pour lesquelles on laboure le sol sont multiples. C'est le seul moyen que l'on ait d'enfouir dans le sol les engrais nécessaires à la vie des plantes et de les mettre ainsi à la portée des racines. Car il est bon de ne le point ignorer : les racines fonctionnent surtout par leur extrémité libre. C'est donc en contact avec ces extrémités, c'est-à-dire dans les couches profondes du sol, qu'il faut placer les fumures ; c'est précisément ce que font les labours. En même temps, en retournant le sol, ils enfouissent toutes les mauvaises herbes qui ont pu croître à sa surface et gênent le développement des plantes cultivées en s'emparant des aliments qui leur sont destinés.

L'expérience montre que le sol, pour être fertile, a besoin d'être en contact avec l'air. Il en résulte que c'est la partie supérieure qui est la plus fertile ; mais, nous avons vu, d'autre part, que ce ne sont que les extrémités des racines qui puisent les éléments utiles aux plantes. Les labours ont encore pour effet, en renversant la terre, de mettre à portée des racines le sol devenu le plus fertile par suite de son contact avec l'air et de ramener à la surface la terre des parties profondes qui s'aérera à son tour.

En rendant le sol plus léger, les labours permettent mieux son aération, ce qui devient une condition favorable pour la culture de la plupart des plantes. Certaines, cependant, exigent pour se bien développer un sol ferme et tassé ; dans ce

1.

cas, on foule le terrain après l'avoir labouré ; l'opération n'en aura pas moins été utile pour cela.

Les labours s'effectuent, dans les jardins, à l'aide d'un instrument spécial dont on a besoin à tout moment dans toutes les opérations culturales et que l'on nomme une bêche. Elle se compose d'une lame de fer ou mieux d'acier, dont les dimensions doivent être d'environ de $0^m,27$ de long, sur $0^m,21$ de large à la partie supérieure. Trop petite, la bêche ne fait qu'un travail insuffisant, trop grande elle est d'un maniement difficile et fatigue inutilement celui qui s'en sert. Les bêches en acier sont les meilleures, car elles tranchent aisément le sol et elles sont solides bien que légères. Cette lame porte une douille dans laquelle vient se fixer solidement un manche droit, long de un mètre environ.

Quand on doit labourer un coin de terrain, qu'il soit grand ou petit, il faut commencer par ouvrir une jauge. Ouvrir une jauge, c'est creuser le sol, enlever un certain nombre de béchées de terre et la déposer de côté. La jauge étant ouverte, on attaque le sol sur le bord en prenant des petites portions de terre à la bêche, que l'on dépose sur l'autre bord en la renversant. Le fossé ainsi ouvert va donc se déplacer et suivre le travail. Il restera béant quand on sera parvenu à l'extrémité du coin de terre qu'il s'agissait de labourer. On le comblera à l'aide de la terre mise en tas au commencement du travail.

Dans les terres lourdes et compactes qui se collent après la lame de la bêche, on remplace cet instrument par la fourche à dents plates.

Ce n'est pas chose très facile que de bien labourer un coin de terre, briser les mottes, rejeter les pierres, maintenir la surface bien unie. Les jardiniers habiles labourent de telle façon, quelle que soit la configuration du terrain, que l'on croirait que la surface a été nivelée au râteau; avec un peu de pratique, on arrive à faire aussi bien qu'eux. Il est le plus souvent utile de terminer le labour en nivelant la surface à l'aide du râteau et d'enlever les pierres et débris de toute sorte qui peuvent s'y trouver.

FUMURE

Nous avons dit que, toutes les fois que le sol est libre, il convient de le labourer, on peut ajouter qu'il faut aussi le fumer. Pour obtenir de belles récoltes dans les jardins, il faut fumer constamment; jamais le sol ne sera trop riche. Il faut fumer abondamment si l'on veut obtenir de belles et abondantes récoltes; c'est une notion vulgaire; il est à peine besoin d'insister sur ce point, car tout le monde est d'accord sur ce sujet.

On objectera peut-être, cependant, que les plantes qui vivent à l'état spontané ne reçoivent jamais de fumure et qu'elles se portent bien, que dans la grande culture on ne fume que tous les deux ou trois ans. Il nous suffira de faire observer que dans la nature les plantes reçoivent comme engrais tous les détritus formés par les plantes qui meurent et que nous avons soin d'enlever systématiquement dans nos jardins afin d'en rendre l'aspect plus gai, plus soigné. Et si, dans la grande culture, on fume rarement c'est que le sol ne porte, en moyenne, qu'une seule récolte par an. Il n'en est pas ainsi dans les jardins. Là, le sol doit être constamment garni, il doit porter des récoltes nombreuses; il devient donc nécessaire de le fumer souvent pour compenser cette dépense constante qu'il est obligé de faire.

Il faut donc fumer; c'est un fait acquis, mais quelle doit être la fumure employée? On a souvent conseillé de récolter, surtout dans les petits jardins, les débris de toutes sortes provenant de la culture : plantes arrachées, feuilles mortes, mauvaises herbes, etc. Certes, quand on n'a que cela à sa disposition, il vaut mieux se servir de cette sorte d'engrais que de ne pas fumer, mais il ne faut pas présenter cet engrais comme étant le meilleur. Outre qu'il est peu actif, il offre l'inconvénient grave de contenir des graines de mauvaises herbes qui germeront, envahiront les cultures et obligeront à des sarclages constants. Cette sorte d'engrais ne peut être utilement employé qu'à la condition d'être enfoui à une profondeur suffisante pour que les graines qu'il contient ne puissent plus germer. On peut très bien s'en servir dans le cas de plantation d'arbre.

Les fumiers dont on se sert le plus utilement et

aussi le plus commodément est celui qui provient des écuries ou des étables. Sera-ce l'un ou l'autre indistinctement? Pas du tout. Toutes les fois que le sol est compact et froid, c'est du fumier de cheval dont on se servira. Quand, au contraire, la terre est légère on donnera la préférence au fumier d'étable. C'est qu'en effet, les fumiers n'agissent pas seulement par la quantité plus ou moins grande de substance chimique assimilable par les plantes, qu'ils contiennent, ils agissent encore, surtout même dans certains cas, par leur action physique en divisant le sol et en aidant par des fermentations spéciales à la formation d'éléments propres à la nutrition des végétaux.

S'ils agissaient simplement par les sels chimiques qu'ils contiennent, il serait préférable de ne se servir que de ces sels à l'état isolé. L'expérience, longtemps prolongée, montre clairement que, dans la généralité des cas, on tire un bien meilleur parti de l'emploi des fumiers divers plutôt que de celui des engrais chimiques. Ces derniers peuvent, à un moment donné, fournir une action prompte dont les effets se font rapidement sentir. Ils ne s'emmagasinent pas dans le sol et, ce qui pis est, ils ne le modifient pas et ne l'améliorent pas.

Avec l'emploi des fumiers d'écurie ou d'étable, on peut dire qu'il n'y a pas de mauvais terrain pour la formation d'un jardin, car les éléments qu'on y incorpore sans cesse, accumuleront dans son sein des matières ulmiques et formeront un terreau dont toutes les plantes s'accommoderont.

Dans les petits jardins qui sont précisément

ceux dont nous voulons nous occuper d'une façon spéciale, le mieux est d'acheter le fumier à l'état frais, de s'en servir pour faire des couches; puis, quand il a cessé de dégager de la chaleur, de l'employer comme engrais et de l'enfouir dans le sol ou de le répandre à sa surface sous forme de paillis.

Dans beaucoup de cas, on se trouve très bien de l'emploi des engrais accordés aux plantes sous forme de dissolution, en arrosages. Cette pratique est très utilement suivie pour aider au développement de certains arbres fruitiers et notamment de la vigne; on en obtient les meilleurs effets dans la culture en pot d'un grand nombre de plantes d'ornement.

Mais nous avons souci de rester dans une concision grande et d'éviter par suite toute redite; nous n'insisterons donc pas davantage sur ces considérations générales sur lesquelles il y aurait cependant fort à dire, nous réservant d'indiquer, chemin faisant et à leur place respective, chacune des particularités se rattachant à la culture de telles ou telles plantes qui nous occuperont.

L'EAU — LES ARROSAGES

L'eau est un des éléments les plus indispensables à la vie des plantes. Chacun sait que, pendant les chaudes journées de l'été, quand l'air est sec et l'évaporation grande, les plantes prennent rapidement un aspect désolé; toutes les feuilles s'inclinent vers le sol et si la sécheresse persiste, la plante finit par succomber. Dans la grande culture on constate ces effets sans pouvoir le plus souvent y apporter un remède efficace. Il doit en être tout autrement dans les jardins. On peut poser en principe général, qu'il n'y a pas de jardin possible là où on n'a pas d'eau à sa disposition. Ce n'est qu'à la condition d'en donner aux plantes suivant leurs besoins, qu'on les verra belles et prospères en toute saison.

L'action de l'eau est indispensable à la vie des plantes; c'est qu'en effet, non seulement les tissus de tous les végétaux contiennent de l'eau en proportion considérable, mais encore tous les éléments utiles qui se trouvent dans le sol et qui concourent au développement des plantes, ne peuvent y pénétrer qu'à l'exclusive condition d'être à l'état de dissolution. On peut donc dire que les engrais n'ont d'action qu'en tant que le sol contient une proportion d'eau suffisante pour en mettre les éléments en dissolution à la portée des plantes. Les engrais, dans un sol trop sec, resteront donc sans effet.

Les questions d'arrosage et de fumure sont donc connexes, car si l'eau est indispensable pour dissoudre et mettre à la portée des plantes les éléments nutritifs, par contre, on peut dire que dans les sols où on arrose abondamment, il faut donner de fréquentes fumures par la double raison que, d'une part, les plantes absorbent plus rapidement

ces engrais, que, de l'autre, une partie est entraî-
née dans les couches profondes du sol.

Si donc les arrosages ont une action marquée,
éminemment utile sur le développement des plantes, il faut cependant ne pas oublier que leur action constante épuise le sol dans de certaines limites ; il importe donc de ne les appliquer qu'avec
opportunité.

Les eaux dont on peut se servir pour les arrosages des plantes sont de nature diverses. Elles
peuvent être des eaux de pluie, de source, de ri-
vière ou de puits. On indique généralement que les
eaux les meilleures sont celles qui sont les plus
aérées et l'on dit, par suite, que si l'on a affaire à
des eaux de puits, par exemple, il convient de les
laisser s'aérer quelques temps avant de les distri-
buer aux plantes, en arrosage.

Cependant, dans des expériences que nous avons
faites, nous avons vu que des plantes arrosées
d'une part avec de l'eau saturée d'air, d'autre part
avec de l'eau qui en était complètement privée,
végétaient de la même façon.

Ce fait trouve son explication dans ce que le sol
étant un élément éminemment poreux, l'eau se sa-
ture, à son contact, d'éléments gazeux et, en effet,
l'eau préalablement privée d'air, recueillie après
son passage à travers la terre se montre chargée
d'éléments gazeux sensiblement dans les mêmes
proportions que celle qui était au préalable saturée
de gaz.

On en peut donc conclure que, bien que l'aération du sol soit une condition indispensable à la

bonne venue des plantes, il n'y a pas lieu de se préoccuper outre mesure, à ce point de vue, de l'état de l'eau employée.

Néanmoins, l'eau de pluie est celle dont l'usage est le plus recommandable, mais la raison n'en est pas dans son aération, mais bien dans ce qu'elle tient en dissolution des substances utiles aux plantes.

On a dit encore que l'eau, pour être utile aux plantes, devait être à la même température que le sol ou à une température supérieure que même, en arrosant avec de l'eau tiède, on activait le développement des végétaux. L'expérience directe, plusieurs fois répétée et scientifiquement conduite, nous a clairement montré qu'il n'en est rien. Il serait trop long et peut-être peu utile de retracer ici les détails de ces expériences qui ont été relatées ailleurs (1). Qu'il me suffise de dire que si on arrose une plante cultivée en pot avec de l'eau qui n'aura que 2 degrés de chaud ou avec de l'eau à 45 degrés, cette eau aura à peu de chose près la même température à sa sortie du pot, car la terre étant éminemment poreuse, le contact s'établit de toute part et la quantité d'eau versée n'étant pas suffisante pour refroidir ou échauffer la terre, c'est celle-ci qui communique sa chaleur propre à l'eau d'arrosage. D'ailleurs, au bout d'une heure ou deux l'équilibre est absolument rétabli; l'action n'est donc, dans tous les cas,

(1) Congrès horticole de Paris.

pas assez prolongée pour que ses effets puissent être marqués.

Cependant, il importe qu'il soit bien établi, que ce que nous venons de dire à propos de la température de l'eau s'applique aux arrosages faits sur la terre et non sur les feuilles. Dans ce dernier cas, la température de l'eau a une importance très grande. On s'en rend facilement compte quand on examine ce qui se passe dans la serre où il se produit par place des égoutements d'eau froide. Les plantes qui reçoivent ces gouttes d'eau froide se tachent et souffrent de ce contact. Ce que nous avons dit précédemment ne s'applique donc qu'aux arrosages faits sur le sol.

Quand on arrose les plantes, il importe beaucoup de ne pas répandre l'eau d'une façon quelconque. Trop souvent dans les petits jardins, que les amateurs soignent eux-mêmes, on voit verser l'eau çà et là avec un arrosoir à faible débit que l'on promène au-dessus des plates-bandes. Les feuilles sont à peine mouillées, le sol n'a presque pas reçu de cette eau bienfaisante. Après une semblable aspersion, les plantes flétries se relèvent bien un peu : de même après une légère ondée survenue pendant les fortes chaleurs de l'été, on voit les plantes reprendre pour quelques heures une fraîcheur nouvelle. Mais de semblables arrosages n'ont que des effets insuffisants.

Pour qu'un arrosage soit véritablement efficace, il faut que l'eau que l'on déverse sur le sol puisse atteindre l'extrémité des racines. L'expérience montre, en effet, que c'est cette extrémité qui puise le plus activement dans le sol. Des arrosages qui ne mouilleront que la surface du sol pourront être considérés comme peu utiles. Il faut, comme disent les jardiniers, arroser *à fond*, c'est-à-dire mouiller suffisamment la terre pour que l'eau parvienne jusqu'à l'extrémité des racines. Et que si l'on ne dispose pas d'une quantité suffisante d'eau pour arroser complètement tout son jardin le même jour, il est préférable de remettre au lendemain la suite de l'opération plutôt que d'en mouiller incomplètement toute la surface.

Cependant, quand il s'agit d'arroser des jeunes plantes dont les racines sont courtes, tels que des semis en voie d'accroissement, il est, au contraire, préférable d'arroser peu à la fois, mais souvent pour maintenir la surface constamment humide et faciliter ainsi le développement. C'est ce que l'on appelle faire des *bassinages*.

Nous avons dit que les arrosages qui sont indispensables, dans la plupart des cas, à la bonne venue des plantes que l'on cultive dans les jardins avaient l'inconvénient d'appauvrir le sol en rendant rapidement solubles toutes les substances utiles à la vie des plantes. Aussi tous les moyens qui diminuent les déperditions inutiles doivent-ils être recherchés dans la pratique. Un de ces moyens est le *paillage*. Il consiste à répandre sur le sol du fumier décomposé provenant de couches qui ont cessé de fermenter, ou bien encore de la mousse ou tout autre matière isolante. Dans les jardins bien tenus on ne devrait jamais planter ni une corbeille, ni une planche de légumes sans les recouvrir d'un paillis.

Il n'est pas indifférent, quand on en a le choix et que surtout on veuille faire des économies d'eau d'arrosage, de répandre cette eau à un moment quelconque de la journée. Pendant la chaude saison, il convient d'arroser le soir afin que l'eau ait le temps de pénétrer jusqu'aux racines avant que la chaleur solaire ne vienne évaporer ce qui se trouve à la surface. Au printemps, par contre, il est plus prudent d'arroser le matin afin que le surplus de l'eau s'évapore, et que s'il vient à se produire des gelées nocturnes, cette eau ne soit pas congelée à la surface du sol.

Quand on a à sa disposition une grande quantité d'eau, on peut arroser pendant l'été à toute heure du jour, mais si cet arrosage est fait avec quelque parcimonie, il est souvent dangereux d'arroser en plein soleil, car il en résulte souvent des taches de brûlure sur les feuilles.

Dans la culture des plantes en pots, il faut veiller à ce que la terre ne se dessèche pas, sans quoi les racines souffriront rapidement de cette dessiccation et la végétation de la plante s'en ressentira. On profite souvent des arrosages pour fournir aux plantes des engrais divers distribués sous forme de dissolution.

Les instruments dont on se sert pour donner aux plantes l'eau dont elles ont besoin, ont reçu le nom d'*arrosoirs* (fig. 1). Ils sont de modèles divers. Les meilleurs sont ceux qui sont munis d'une longue poignée coulante fixée d'une part à la partie supé-

rieure de l'arrosoir, de l'autre sur son côté. Il est
aisé de faire basculer l'arrosoir plein dans la
main et de laisser écouler toute l'eau. L'écou-
lement de l'eau se fait au moyen d'un tube placé
sur le côté, qui doit être suffisamment large pour
que le débit se fasse rapidement. Ce goulot est
muni d'une pomme ou sorte de passoire qui brise
le jet et distribue l'eau aux plantes sous forme de

Fig. 1. — Arrosoirs à pomme et à goulot.

pluie. Cette pomme peut être fixe ou mobile. Il est
préférable qu'elle soit fixe quand les eaux dont on
se sert sont propres et que l'on ne risque pas d'en-
gorger la pomme.

Quand les eaux employées sont impures, on remplace la pomme par un goulot continu qui possède
une palette devant son orifice; l'eau venant à
frapper sur cette palette que l'on nomme *brise-jet*
se répand en une masse uniforme.

La dimension des arrosoirs peut être variable,

mais il est préférable qu'ils ne soit pas trop petits afin que le transport de l'eau se fasse rapidement. En général, on leur donne une capacité de huit à dix litres. Ces arrosoirs peuvent être faits en zinc ou en cuivre. Ceux en cuivre coûtent plus cher, mais ils ont une durée beaucoup plus longue.

Pour arroser dans les serres on possède des arrosoirs de petit calibre dans lesquels le débit de l'eau se fait au moyen d'un long goulot recourbé légèrement pour pouvoir verser l'eau dans chaque pot que l'on veut arroser.

Dans les jardins où l'on possède de l'eau sous pression, l'arrosage se fait à la lance; c'est le moyen le plus commode et le plus expéditif.

DE LA CHALEUR

I. — LES ABRIS

Si l'on devait de nos jours se contenter de cultiver seulement les plantes qui s'accommodent de notre climat sans souffrir de ses rigueurs, s'il fallait réduire nos ressources alimentaires aux seuls produits venus à l'air libre dans nos champs et nos jardins, on se trouverait réduit à bien peu de chose et nos exigeances s'accommoderaient assez mal de cette pénurie.

On a, dès longtemps, su mettre à profit les avantages qu'offrent dans les cultures les abris de tous genres que l'on peut donner aux plantes. L'utilisation de la chaleur artificiellement produite ou encore de la chaleur solaire accumulée, concentrée si l'on peut dire, en des points déterminés a un rôle prépondérant dans la culture horticole actuelle : beaucoup de plantes ne peuvent croître à l'air libre sous notre climat; et celles même qui le peuvent supporter se développent plus rapidement à mesure qu'on augmente la température de l'air ambiant.

Pour peu que l'on observe ce qui se passe dans un jardin dont la surface est limitée par des murs, on en tire déjà un enseignement pratique qui peut conduire à bien des applications. Si l'on vient en effet à planter des plantes quelconques, des salades par exemple, dans un terrain préparé au pied d'un mur, on verra que dès qu'au printemps la végétation commence à s'éveiller et nos plantes à croître, on verra que toutes ne pousseront pas avec une rapidité égale. Celles qui seront le plus près du mur croîtront rapidement et à mesure que l'on s'en éloignera on constatera que la végétation sera de plus en plus lente.

L'abri fourni par ce mur aura donc fait sentir ces effets jusqu'à une certaine distance de son pied. Les effets de cet abri ne sont donc pas douteux. Ils sont dus à ce que sa surface recevant pendant le jour l'action des rayons solaires, s'échauffe et emmagasine une certaine quantité de chaleur, laquelle restituée par rayonnement pendant la nuit, à l'air ambiant, établit dans son voisinage un climat artificiel plus chaud que celui de la partie du jardin qui n'est pas abritée.

Dans la pratique on utilise constamment l'action de ces murs. C'est sur la notion de ses effets qu'est basée la culture en espaliers de tous nos arbres fruitiers, dont bon nombre ne mûriraient pas leurs fruits si on les cultivait sans abri. On ne doit jamais négliger d'utiliser cette action en plantant dans le voisinage des végétaux qui se développeront plus vite qu'à l'air libre.

La plupart des jardiniers ont la notion exacte de l'effet de ces abris, aussi en établissent-ils dans leurs jardins. Ce sont des murs construits spécialement pour servir à la culture de certains arbres; ils divisent le jardin en fragments plus ou moins étendus; c'est ce que l'on nomme des murs de refend. On voit de nombreux exemples de ces applications à Montreuil-aux-Pêches pour la culture des pêchers; à Thomery et Fontainebleau pour celle du raisin de table, etc. D'autres fois dans les jardins maraîchers on se contente d'établir de ces abris soit à l'aide de palissades, soit même au moyen de paillassons maintenus dans une position verticale à l'aide de quelques tuteurs.

Toutes les fois que l'on utilise, pendant la froide saison, le sol qui avoisine ces abris, on a le soin de le disposer en pente; cette partie de terrain abrité reçoit dans la pratique le nom de *costière;* quand on en dispose le sol suivant une inclinaison on l'appelle *ados* (fig. 2). Les rayons solaires étant, pendant l'hiver, très obliques sur l'horizon, agissent plus directement sur un sol en pente et

l'échauffent plus rapidement ; les plantes qui y
sont cultivées bénéficient de cet échauffement et
leur accroissement devient plus rapide.

Mais que si dans les jardins, on en était réduit
à l'utilisation pure et simple de ces moyens, qu'il
ne faut cependant jamais négliger de mettre en

Fig. 2. — Cloches disposées sur ados.

œuvre, on n'obtiendrait que des effets très limités.
Dès longtemps on a eu recours à d'autres procédés
pour préserver du froid les végétaux délicats et
pour hâter le développement de certains autres.
Mais on conçoit que ces abris ne peuvent être
quelconques, les plantes ne pouvant croître qu'à
la condition de recevoir une quantité suffisante de

lumière ; les matériaux qui servent à la construction de ces abris devront se laisser traverser par elle. Le verre remplit cette condition. On s'en sert soit sous forme de *cloches* (fig. 2) qui sont des sortes de grands vases dont on recouvre les plantes que l'on veut protéger, soit sous forme de châssis qui sont des cadres recouverts de vitres. Il est utile de dire un mot de l'emploi de ces deux engins dont l'usage est constant dans tous les jardins.

Le verre dont on se sert donne dans la culture des effets considérables. En effet, il n'est pas seulement utile parce qu'il se laisse traverser par les rayons lumineux, autrement dit qu'il fait à peu de chose près aussi clair dans un local vitré qu'il le fait dehors. Il est encore utile parce qu'il se laisse traverser par les rayons chauds ; ce n'est donc pas seulement la lumière des rayons solaires qu'il laisse passer, c'est aussi leur chaleur.

On sait que tout corps échauffé rayonne à son tour et cède au milieu ambiant une quantité de chaleur telle qu'il finit par se mettre en équilibre de température avec ce milieu. Or, le verre possède cette propriété remarquable de se laisser traverser par les rayons chauds quand ils sont lumineux comme ceux du soleil, mais de ne pas laisser passer les rayons de chaleur obscure. Il résulte de cette action si particulière que possède le verre que les espaces qui sont limités par des feuilles de verre s'échauffent rapidement dès que le soleil vient à agir, et c'est ce qui fait que dans une serre la température s'élève beaucoup dès que le temps est clair et que le soleil apparaît. Cette action est même si violente que si l'on n'y prend garde les végétaux placés sous ces abris seront bientôt dans un milieu tellement chaud qu'ils pourront être brûlés.

Les cloches dont on se sert doivent être en verre aussi blanc que possible, le verre vert agissant d'une façon nuisible. Elles ont dans le commerce des dimensions déterminées qui sont : un diamètre d'environ 0^m,40 sur autant de haut. Leur emploi présente l'avantage de donner aux plantes un éclairage fait de toutes parts. Elles ont par contre l'inconvénient de fournir des températures très élevées pendant l'action solaire, et basses quand cette action ne se fait plus sentir. Leur emploi est indispensable dans certains cas, mais il a des applications limitées.

Les *châssis* (fig. 3), qui sont d'un usage plus courant que les cloches, sont des sortes de cadres auxquels on peut donner telle dimension que l'on veut, mais qui dans la pratique courante ont des mesures parfaitement déterminées. Ils ont généralement 1^m,38 de long sur 1^m,30 de large. Ce cadre peut être en bois ou en fer. On préfère ceux construits en bois pour la raison que celui-ci étant mauvais conducteur de la chaleur subira et transmettra aux plantes cultivées sous son abri, avec moins de rapidité les variations de température. Certains de ces cadres sont mixtes, les trois côtés latéraux et supérieur étant en bois, l'inférieur, le plus exposé à la pourriture, en fer.

On conçoit qu'il est impossible dans la pratique

de recouvrir un cadre de cette dimension d'une seule vitre. Ce cadre est donc divisé dans sa longueur par trois fers en T qui supportent des feuilles de verre retenues au moyen de mastic.

Les châssis ne peuvent être simplement déposés sur le sol, il les faut maintenir à une certaine hauteur pour pouvoir cultiver des plantes sous leur abri. On les place sur des sortes de boîtes sans fond auxquelles on donne le nom de *coffres*. Un coffre est une réunion de quatre planches dont la jonction est consolidée par des morceaux de chevrons cloués dans les coins. Ces coffres sont plus hauts à l'arrière qu'à l'avant, de façon à donner aux châssis qu'ils supportent une pente suffisante pour que l'eau puisse s'écouler. La hauteur de ces planches peut être plus ou moins grande, suivant les plantes que l'on veut cultiver.

On donne à ces coffres des dimensions variables qui sont des multiples de celles des châssis (fig. 3). En effet, un coffre peut supporter un, deux ou trois châssis. Dans le cas où il doit supporter plus d'un châssis, on place au point de jonction de deux de ces vitrages une lame d'écartement destinée à empêcher les planches de se déjeter dans tous les sens. Les planches de ces coffres sont ou bien fixées à l'aide de clous, ou bien elles sont mobiles et retenues au moyen de chevilles. Cette dernière disposition permet de ranger ces coffres sous un toit pendant les mois où ils ne servent pas.

Si on ne recouvrait ni les cloches ni les châssis, on verrait la température de l'air intérieur baisser rapidement sous l'action du refroidissement nocturne. L'usage des cloches et châssis comporte celui de *paillassons*.

Les paillassons sont des sortes d'abris faits de paille que l'on relie à l'aide de ficelles. L'usage des paillassons est de tous les moments; ils servent non seulement à recouvrir les abris vitrés, mais aussi momentanément les plantes que l'on veut protéger contre le froid ou que l'on veut mettre

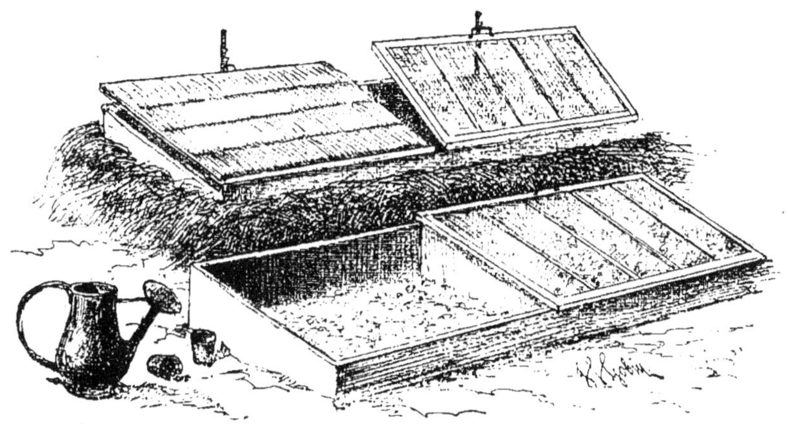

Fig. 3. — Châssis disposés sur coffres avec ou sans paillassons.

à l'abri d'une insolation et d'une dessiccation trop vive.

On leur donne des dimensions variables suivant l'usage que l'on en veut faire, mais dans tous les cas, ils ne doivent pas être trop larges sous peine de les voir se briser par le milieu lors des manipulations que l'on est obligé de leur faire subir. Il convient de ne pas dépasser 1^m,50 en largeur.

Ils sont généralement faits en paille de seigle, c'est celle qui offre le plus de résistance. Pour procéder à leur confection, il faut établir d'abord un métier qui consiste en un cadre de bois plus grand que ne doivent l'être les paillassons. A chacune des extrémités, suivant les petits côtés de ce cadre qui doit être dans tous les cas plus long que large, on fixe tous les $0^m,25$ en moyenne des chevilles de fer. Puis on tend sur ces chevilles des ficelles traversant le cadre dans sa longueur; sur ces ficelles on étend de la paille mise moitié d'un côté moitié de l'autre, de façon que les épis d'une moitié viennent recouvrir le pied de l'autre. Cette paille tassée doit présenter une épaisseur d'environ deux ou trois centimètres. Prenant ensuite une nouvelle ficelle fixée à l'une des chevilles, on attache la paille par petites touffes de la grosseur du pouce environ après la ficelle tendue en dessous à la façon d'un point de chaînette. On fera ainsi autant d'attaches successives que la paille rencontrera de ficelles préalablement tendues. Un paillasson pourra donc comporter trois, quatre ou même cinq ficelles, suivant sa largeur.

Toutes les fois que la température s'abaisse et que l'on craint les gelées, on étend des paillassons sur les cloches ou les châssis. S'il fait très froid, il devient utile de mettre deux et même trois paillassons pour se prémunir contre la gelée.

Si les paillassons sont mouillés par la pluie ou la neige, dès que le temps devient meilleur il est indispensable de les étendre à l'air pour qu'ils sèchent. On prolonge beaucoup la durée des paillassons en les faisant tremper pendant quarante-huit heures dans un bain contenant 5 p. 100 de

sulfate de cuivre. Les paillassons sulfatés durent
en moyenne quatre à cinq ans; ceux qui ne le sont
pas sont pourris après deux ou trois ans de ser-
vice.

II. — LES COUCHES

Les châssis et les cloches employés seuls peuvent
jusqu'à un certain point, préserver, pendant l'hiver,
les plantes contre un abaissement de température.
Ils peuvent encore au printemps hâter le développement de certains végétaux, mais quand il s'agit
d'obtenir des primeurs ou de faire des semis et
des éducations de plantes délicates, qui, nombreuses, concourent à l'ornementation de nos jardins pendant la belle saison, il est indispensable
d'avoir recours à des moyens artificiels de chauffage.

Le moyen le plus généralement usité, celui qui
est à la portée de tous, consiste à utiliser la chaleur dégagée par des matières en fermentation.
Toutes les substances végétales ou animales mises
en tas fermentent et cette fermentation est accom-
pagnée d'un dégagement de chaleur. La marche
de ce dégagement de chaleur et de son intensité
est extrêmement variable suivant la substance employée et sa masse plus ou moins grande.

On donne à ces amas de matières fermentes-
cibles réglés, suivant certaines conditions, le nom
de *couches*. Si en théorie toute substance fermen-
tescible peut servir à la construction de couches,
en pratique le nombre de ces matières se réduit à

cinq ou six ; toutes n'agissent pas de la même façon.

Les substances les plus employées sont les suivantes :

Fumier d'écurie et fumier de bergerie ;

Feuilles d'arbres ;

Tan ou déchets d'écorce de chêne ayant servi au tannage des peaux.

Avant de voir comment se comporte chacune de ces substances, il est utile d'indiquer la manière de construire une couche ; c'est qu'en effet quelle que soit la substance employée le processus est toujours le même.

Les couches doivent être toujours construites sur un emplacement préalablement nivelé afin d'éviter l'action des eaux stagnantes qui empêchent une bonne fermentation. Le sol étant applani, on trace sur le terrain l'emplacement que devra occuper la couche. Si celle-ci doit être recouverte de châssis, ce seront ces châssis qui en détermineront la dimension. Supposons que l'on veuille établir une couche de trois panneaux ou châssis. La couche devra avoir comme largeur celle du panneau, plus $0^m,30$ de chaque côté. En longueur ce sera trois panneaux, plus $0^m,30$ à chaque extrémité. On devra orienter sa couche de façon à ce que l'avant du châssis, son côté le plus bas, regarde le sud.

Ceci convenu, on prend le fumier à la fourche et tout en le brassant énergiquement pour bien en mélanger les parties composantes, on le dépose sur le sol aux confins des limites qui ont été tracées sur le terrain. On continue à déposer ainsi le fumier, le plus uniformément qu'il est possible et à mesure on le foule du pied et du dos de la fourche pour obtenir une masse homogène. Quelle que soit la hauteur de la couche que l'on veuille construire, il faut compter que lorsque l'on a employé la moitié de la masse que l'on a à sa disposition, il faut placer le coffre sur la couche, puis le fumier restant, sert, d'une part, à emplir partiellement l'intérieur du coffre, d'autre part, à élever l'espace de $0^m,30$ laissé tout autour du coffre.

Cette couche supplémentaire de $0^m,30$ qui règne autour du coffre prend le nom de *réchaud* (fig. 3). Elle est destinée, en effet, à réchauffer la masse interne du fumier et à empêcher que la chaleur ne se perde au travers des planches du coffre. Nous verrons de plus que, lorsque la couche ne chauffe plus, on peut, au moyen des réchauds, lui donner un nouvel élan. Les réchauds doivent être, en tous points, construits comme la couche elle-même, c'est-à-dire uniformément tassés.

Quand la couche est terminée, on l'arrose afin que le fumier puisse entrer en fermentation. La quantité d'eau qu'il convient de verser varie suivant la saison et surtout suivant l'état de siccité du fumier. Dans tous les cas, s'il faut que la masse soit tout entière mouillée, il importe par contre qu'il n'y ait pas un excès d'eau dans le fond de la couche.

Ceci fait, on met dans l'intérieur du coffre de la terre ou plus ordinairement du terreau, c'est-à-dire du fumier complètement décomposé et réduit à l'état de terre; puis on place les panneaux que l'on recouvre de paillassons.

Si l'on place un thermomètre dans la masse de la couche et qu'on l'observe chaque jour, on verra que, d'abord pendant un nombre variable de jours, la température restera stationnaire, puis, subitement elle suivra une marche ascendante, si bien que quelque jours après que la couche aura commencé de chauffer, la température aura atteint son maximum. C'est ce que l'on appelle le *coup de feu* de la couche. Puis, progressivement la température baissera et deviendra après quelques jours sensiblement stationnaire : c'est la *température normale* de la couche. Enfin, plus ou moins longtemps après, la température baissera encore et se mettra finalement en équilibre avec l'air ambiant : la couche ne chauffe plus.

Ces observations nous conduisent aux applications pratiques que l'on peut tirer des couches. Et d'abord, l'on voit qu'il ne faut le plus souvent pas semer les graines ou planter les jeunes plants dès que la couche est faite, car la température du coup de feu peut être telle que graines ou plantes, peuvent se trouver cuites. Puis, quand la température normale baisse, on peut ranimer la couche soit en remaniant toute sa masse avec du fumier neuf, soit simplement en construisant à nouveau les réchauds.

Toutes les couches, même construites avec des matériaux identiques, ne chauffent pas également. La quantité de chaleur dégagée, toute chose égale d'ailleurs, dépend de la masse du fumier employé.

En principe, on peut dire que plus la couche est épaisse plus la chaleur dégagée sera vive. En pratique, il n'y a pas intérêt à dépasser certaines limites, soit $0^m,60$ en hauteur; c'est ce que l'on appelle une couche chaude. Avec $0^m,40$ ou $0^m,50$, la température est encore élevée, avec une épaisseur moindre, la fermentation reste moins active.

Nous avons dit que les matériaux employés peuvent être divers. Le fumier de cheval donne la chaleur la plus élevée. On l'emploie soit frais au sortir de l'écurie, soit conservé en meule pendant l'été, c'est ce que l'on nomme du fumier recuit; on obtient de bonnes couches en mélangeant du fumier frais avec du fumier recuit. Le fumier de cheval peut donner une température de coup de feu qui s'élèvera jusqu'à 75 degrés et une chaleur normale de 18 à 25 degrés pendant plusieurs semaines. Le fumier de bergerie se comporte sensiblement de la même manière. Les fumiers d'étables ne donnent que d'assez mauvais résultats; il n'y a pas lieu d'en conseiller l'emploi.

Les feuilles se comportent d'une façon toute différente. La fermentation y est relativement peu vive, si bien que l'on a pas à craindre la violence du coup de feu, la température n'atteignant, à ce moment, que 40 degrés environ. Par contre, cette fermentation est longtemps soutenue, autrement dit, la couche chauffe pendant longtemps. On obtient de bons effets en mélangeant le fumier de cheval et les feuilles.

Enfin, la tannée fermente d'une façon moins vive encore, mais le dégagement de chaleur qui dépasse rarement 18 à 20 degrés se continue pendant des mois entiers, pour peu que l'on ait le soin, quand la couche ne chauffe plus, de la remanier et de lui redonner de la sorte un nouvel élan.

III. — LES SERRES

Il n'est pour ainsi dire pas de jardin possible, bien garni de fleurs pendant l'été, fournissant en-

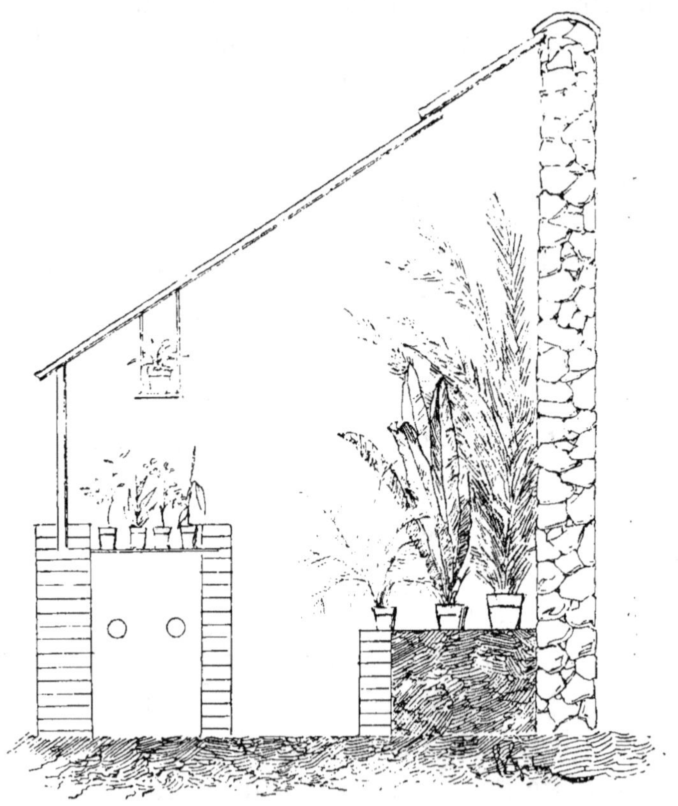

Fig. 4. — Serre adossée.

core quelques végétaux pendant l'hiver, pour la décoration des appartements, sans l'adjonction d'une serre. Si modeste, si exiguë fut-elle, elle rendra encore de bien grands services quand on sait le moyen de la bien aménager et d'en tirer tout le parti possible.

Une serre peut être adossée contre un mur (fig. 4) situé à bonne exposition et ne présenter alors qu'un seul versant, ou bien être établie à l'air libre et avoir deux pentes (fig. 5).

Fig. 5. — Serre à deux pentes.

Dans les petits jardins qui sont précisément ceux qui nous intéressent plus particulièrement ici, une serre a surtout pour but de cultiver des végétaux qui serviront ensuite à la décoration des jardins et des appartements. C'est donc une serre de culture. Les serres peuvent encore servir à cultiver des végétaux en collection qui n'en sortent jamais : c'est alors une sorte de jardin où l'on vient admirer les fleurs sur place et qui doit être aménagé avec un certain luxe.

Nous ne nous occuperons que des serres de culture.

Les serres adossées présentent, comme serre de culture, l'incontestable avantage de se refroidir moins vite et d'être par suite d'un entretien plus facile.

La dimension d'une serre est indéterminée; toutefois on peut dire que, pour que l'on en tire quelque produit, elle doit au moins avoir 5 à 6 mètres de long sur 2 de large. C'est là un minimum qu'il convient de ne pas dépasser. Par contre, on peut faire les serres indéfiniment grandes, mais si on dispose d'un emplacement suffisant, il est préférable de séparer la serre en compartiments successifs, afin d'établir des catégories et avoir des locaux qui n'auront pas tous la même température. Il est bon d'avoir au moins deux compartiments, l'un sera la serre chaude ayant une température de 15 degrés au moins; l'autre, la serre froide dans laquelle le thermomètre pourra sans inconvénient, pour les plantes relativement rustiques qui y seront cultivées, descendre jusqu'à environ 2 degrés seulement au-dessus de zéro. Si l'on a qu'une seule serre elle sera à température moyenne; bien que donnant des résultats moins satisfaisants et ne permettant la culture que d'un nombre plus restreint de végétaux elle rend encore de très grands services.

Les serres peuvent être construites en bois ou en fer. Pour les petites serres de culture, telles que celles qui nous intéressent ici, les serres en bois sont infiniment préférables. La raison en est dans ce que, le bois étant mauvais conducteur de la chaleur, la serre qui en est construite se refroidit lentement, et il n'y a pas à y craindre les variations brusques de température. Les serres en fer plus légères, plus élégantes de constructions tentent généralement les amateurs. Elles présentent le grave inconvénient de se refroidir trop vite, puis de laisser se condenser des gouttes d'eau glacées qui, tombant sur les plantes, les tachent et les font pourrir.

Quand il s'agit d'une serre de culture, la construction est simple. Les deux pignons des extrémités peuvent être faits en maçonnerie ou bien être vitrés. Le toit fait en châssis doit avoir une pente suffisante pour que l'eau s'écoule rapidement, soit $0^m,20$ par mètre au moins.

Il est bon qu'une semblable serre ne soit pas construite au niveau du sol, mais qu'au contraire on descende quelques marches pour pénétrer à l'intérieur. Une serre un peu enterrée se refroidit moins vite que celle construite au niveau du sol.

L'aménagement intérieur consiste en une sorte de table à laquelle on donne le nom de *bâche* et sur laquelle les plantes sont disposées. On dit que la bâche est pleine, si, limitée par un petit mur, elle contient de la terre dans laquelle on peut planter à même. Dans d'autres cas, la bâche est une table supportée sur des montants en bois. Si la serre est surtout destinée à conserver les végétaux pendant l'hiver, il est bon de remplacer une des bâches, celle qui est adossée au mur, par un gradin sur lequel on dispose des plantes en pot.

La serre peut donc comprendre simplement une bâche à droite et une bâche à gauche séparées par un sentier. Si l'on veut cultiver quelques végétaux de grande dimension, on ne fait pas de bâche sur un certain espace sur lequel on aura toute la hauteur de la serre.

Une serre doit forcément être munie d'un chauffage ; quel qu'il puisse être, il devra, dans tous les cas, être établi de telle sorte que la porte du foyer soit au dehors de la serre, afin d'éviter la poussière qui nuit considérablement aux plantes.

Quand on ne veut faire que peu de frais, on se contente d'établir un simple calorifère construit en briques et dont les tuyaux en terre parcourent la serre dans toute la longueur. Mais un semblable chauffage ne donne que d'assez mauvais résultats ; il ne fournit que de la chaleur sèche peu favorable au bon développement des plantes, et il présente l'inconvénient de se refroidir rapidement et de ne donner par suite qu'une chaleur peu constante.

De tous les chauffages, le meilleur est celui qui est fait au moyen d'une circulation d'eau chaude. Il offre l'avantage d'une chaleur humide et constante. Ces chauffages, que l'on désigne sous le terme générique de *thermosiphon,* sont de systèmes très variables. Nous n'entreprendrons pas de les décrire, nous contentant d'en indiquer le principe.

Tout thermosiphon comporte une chaudière sur laquelle viennent se greffer des tuyaux remplis d'eau comme la chaudière. Ces tuyaux se relient à la chaudière dans le haut et dans le bas de celle-ci. Quand on vient à chauffer, l'eau devenant plus

légère tend à monter, s'engage dans l'ouverture
du haut et suit les tuyaux qu'elle échauffe, solli-
citée sans cesse dans ce mouvement par de nouvelles quantités d'eau chaude. Il s'établit ainsi un

Fig. 6. — Serre chauffée au moyen du thermosyphon Lebœuf.

courant de départ dans le haut de la chaudière et
d'arrivée dans le bas; il est donc continu, et les
tuyaux constamment chauds cèdent leur calo-
rique à l'air ambiant. En multipliant les tuyaux,
on augmente la surface de chauffe et l'on obtient,
par suite, avec la même chaudière, une température

d'autant plus élevée dans la serre que le nombre des tuyaux est plus considérable.

On construit un chauffage d'un système très ingénieux, analogue aux poêles à chargement continu dont on se sert dans les appartements. Ce chauffage, système Lebœuf (fig. 6), élégant et peu coûteux, rend les plus grands services pour les serres de petite étendue.

Nous indiquerons, chemin faisant et en parlant de chacune des principales plantes d'ornements, quels sont les soins qu'il convient de leur donner.

Les serres doivent être munies de paillassons afin d'éviter le refroidissement pendant la nuit. Si la serre est large, il n'est pas possible de placer les paillassons à la main; dans ce cas, on les fixe à l'aide de ficelles retenues sur un axe muni d'une manivelle sur lequel la ficelle venant à s'enrouler relève les paillassons.

Il est utile de garnir les vitrages de claies en bois qui permettent de donner de l'ombre pendant l'été.

Les plantes, pour bien se développer, ont besoin d'un éclairage suffisant. Pour cette raison, le vitrage d'une serre doit être maintenu aussi propre que possible. La privation de lumière produit l'étiolement chez les plantes qui jaunissent et s'alongent démesurément. Pour éviter cet étiolement, il convient de placer les plantes le plus près possible de la lumière.

La privation d'air amène aux mêmes résultats nuisibles, aussi une serre bien conduite doit elle être aérée suffisamment. Tout dépend, d'ailleurs, des espèces de plantes que l'on cultive ; mais toutes les fois qu'il s'agit de végétaux rustiques, l'aération la plus complète pendant la belle saison est celle qui donne les meilleurs résultats.

PRODUCTION DE LA GRAINE — SEMIS

L'amateur, au début de ses essais, borne son ambition à cultiver les végétaux qu'il a achetés tout venus et sa seule espérance est de les voir prospérer. Plus tard, lui vient l'idée de multiplier lui-même ses plantes ; il entreprend de faire des semis.

Pour beaucoup de plantes, l'opération est simple et n'exige que peu de soins particuliers ; pour d'autres, elle doit être entourée de précautions minutieuses pour bien réussir.

Quand on a à faire des semis, il est toujours intéressant de savoir si les graines sont de bonne qualité et si l'on peut compter sur leur germination. Malheureusement, il le faut déclarer nettement, il n'est aucun signe extérieur qui puisse nous indiquer d'une façon générale que telle graine est de bonne qualité et que telle autre ne vaut rien. L'âge lui-même de ces graines, le connût-on exactement, ne pourrait servir d'indication. En effet, certaines graines perdent leur faculté germinative dans le courant de l'année même de la récolte, tandis que telles autres conservent cette propriété pendant des dizaines d'années. Seules les indications correspondant à chaque espèce peuvent donc avoir quelque valeur.

Quand on est prévenu, que l'on sait combien certaines plantes conservent mal les facultés germinatives, on peut, par des moyens spéciaux, prolonger la période pendant laquelle elles germeront encore. On fait alors ce que l'on nomme la *stratification*, c'est-à-dire que dès que les graines sont récoltées on les met dans un pot à fleur par couches alternatives avec du sable fin. On a eu soin de boucher l'orifice qui se trouve au fond du pot, et quand celui-ci est rempli on le recouvre d'une feuille de verre ou d'une tuile et on enterre le tout dans un endroit abrité, à quelques décimètres de profondeur pour soustraire ces graines en même temps à l'action du froid et de l'air. Au printemps ces graines, qui sans cette précaution ne vaudraient plus rien, germeront parfaitement.

Il n'est pas de moyen absolu de reconnaître la qualité d'une graine. On a proposé bien des procédés, mais ils sont sans valeur. C'est ainsi que l'on a dit que pour reconnaître une graine qui était bonne de celle qui ne l'est pas il n'y avait qu'à jeter le tout dans un vase plein d'eau ; les bonnes graines, dit-on, vont au fond, les mauvaise surnagent. Ce procédé, qui dans certains cas particuliers, donne quelque indication est loin d'être absolu. Certaines graines d'excellente qualité surnagent toujours, d'autres bien que préalablement passées au four iront encore au fond. Il n'y a donc aucune indication précise à en tirer.

Le seul moyen que l'on ait à sa disposition est celui qui consiste à essayer ces graines en les faisant germer.

Pour se rendre un compte exact de la qualité des graines que l'on veut éprouver, on compte un nombre déterminé de semences, puis on les sème dans un pot à fleurs que l'on munit d'une fiche en bois sur laquelle on inscrit : la date du semis, le nombre de graines mises en épreuve, et le nom de la plante semée. On met le pot dans une serre ou sur une couche et l'on peut ainsi, au bout de peu de jours, savoir dans quelle proportion ces graines germent. La conclusion pratique sera, que lorsqu'il s'agira de semer tout un carré de ces plantes, on saura préalablement s'il convient de semer clair, parce que toutes les graines sont bonnes, ou serré, parce qu'il s'en trouve beaucoup de mauvaises. L'indication fournie n'est valable que pour l'année même où l'épreuve a été faite, d'une année à l'autre, les graines pouvant perdre toute faculté de germer.

Ce qu'il serait non moins important de savoir quand on fait un semis, c'est de connaître la variété, la forme, de la plante obtenue par la graine. Il n'est malheureusement aucune épreuve pratique qui puisse donner d'indication à ce sujet. Souvent on sème avec toute espèce de précaution des graines de plantes dont on espère, sur la foi d'une étiquette fournie, des fleurs ou des fruits remarquables, et le résultat ne répond pas à l'attente.

Il n'est d'autre moyen pour avoir quelque chance de succès dans son entreprise que d'acheter les graines dans des maisons de confiance ou bien de produire ses graines soi-même. A cet égard il est utile de donner quelques indications précises.

On se figure assez généralement que du moment que l'on récolte des graines sur une plante portant de belles fleurs ou bien dans un fruit qui s'est montré savoureux, on est en droit d'attendre de ces graines des fleurs aussi belles et des fruits aussi savoureux. Eh bien, pas du tout. Ce résultat pourra être favorable, mais il pourra aussi être complètement négatif.

Précisons; prenons un exemple. Si on mange un bon melon, on est tenté d'en garder la graine dans l'espoir de récolter l'année d'après des fruits semblables.

Certes on aura plus de chance d'arriver à un résultat favorable avec un bon fruit qu'avec un mauvais, mais il n'y a cependant rien d'absolu à cet égard.

Le fruit est comme on sait le résultat d'un ovaire fécondé. Les fleurs ont donc toujours deux sexes. Tantôt ces sexes sont réunis dans la même fleur que l'on dit alors hermaphrodite, tantôt au contraire ces sexes se trouvent dans des fleurs séparées, d'autres fois encore dans deux plantes distinctes.

Ce melon dont nous avons mangé un bon fruit aura donc été fécondé par le pollen d'une fleur mâle, les sexes chez le melon se trouvant dans des fleurs distinctes. Si ce pollen a été pris sur une des fleurs mâles du même pied que celui qui a porté le fruit, il y a gros à parier, que celui-ci donnera une descendance qui lui ressemblera de tout point.

Mais ne l'oublions pas, le transport de ce pollen ne se fait pas de lui-même, ce sont le plus souvent les insectes qui, inconscients dans leur course folle, butinant de fleur en fleur, se chargent de ces transports. Si l'insecte a fécondé l'ovaire de notre melon avec le pollen pris sur une mauvaise variété, le fruit n'en sera nullement impressionné, mais la descendance qui résultera de ses graines sera un produit mixte d'un ovaire de plante de bonne variété fécondé par le pollen d'une mauvaise variété.

Que faut-il donc pour être assuré du résultat à venir? Il faut connaître les deux ascendants directs dont l'union a produit la graine. Si nous ne les connaissons pas, nous ne saurons jamais quels seront les résultats que pourront nous donner nos semis. Et la conclusion pratique qu'il en faut tirer c'est que, pour obtenir des produits certains, il convient de placer à part, éloignée de toute autre plante qui pourrait l'influencer, celle dont on veut récolter les graines.

Il faut, en un mot, empêcher toute *hybridation* ou *métissage* accidentels.

Cette opération, ce croisement de deux variétés de plantes cultivées peut, par contre, quand elle est volontaire et conduite dans un sens déterminé, donner des résultats extrêmement favorables. On la pratique à tous moments chez tous les horticulteurs.

Si les fleurs sont de sexes différents, l'opération

est d'une application facile. Il suffit en effet de transporter sur le style qui surmonte l'ovaire de la fleur femelle, du pollen de la fleur mâle. Que, si au contraire, la fleur est hermaphrodite, il faut indispensablement enlever dès avant l'épanouissement de la fleur toutes les étamines afin d'empêcher une autofécondation. Trop souvent on se figure faire une hybridation quand on transporte du pollen d'une fleur sur le stigmate d'une autre fleur épanouie. Or à ce moment-là, si la fleur est hermaphrodite, la fécondation est déjà opérée et l'intervention d'un pollen étranger deviendra complètement inutile. Pour pratiquer une véritable hybridation, il faut donc enlever dès avant l'épanouissement, les étamines des fleurs hermaphrodites que l'on veut hybrider, et mettre la plante à l'abri de toute fécondation artificielle.

Une autre cause qui influe gravement sur la qualité des graines, au point de vue des plantes qu'elles fourniront, est la question d'*hérédité*.

La plupart des plantes cultivées dans nos jardins ne sont pas des types botaniques, mais des variétés horticoles, c'est-à-dire des plantes soumises à variation. Donc pour perpétuer un de ces types de culture il importe beaucoup de ne récolter des graines que sur des plantes qui réunissent le plus de qualités possibles et qui répondent le mieux au type cultural vers lequel on veut arriver.

Cette *sélection* pour être efficace devra porter non sur une génération mais sur toutes. Elle devra être le guide qui déterminera le choix des individus chargés de fournir la graine. Il ne faudra donc jamais récolter des graines que sur les plantes les mieux venantes et choisir des types aussi parfaits que possible.

L'opération des semis est généralement d'une exécution simple. Il suffit en effet de fournir aux graines une quantité suffisante de chaleur et d'humidité pour les voir bientôt entrer en germination. L'air est non moins indispensable pour que les graines germent; il fait rarement défaut. Cependant on reconnaît aisément, dans la pratique combien son action est marquée dans certains cas particuliers. Ainsi si l'on vient à enterrer les graines trop profondément, celles-ci ne reçoivent plus une quantité d'air suffisante, germent mal ou même ne germent point du tout si la profondeur à laquelle on les a enterrées est trop grande.

Le degré de température qu'il faut donner aux graines pour qu'elles germent est extrêmement variable suivant la nature des plantes dont elles proviennent. Les plantes des pays chauds exigent toujours des températures élevées pour que leurs graines entrent en germination. Il y a des limites que l'on ne peut pas dépasser impunément. La limite inférieure est aux environs de + 3° à 5°; la limite supérieure à + 45° environ.

L'humidité est toujours indispensable à la germination. Aussi dans la plupart des semis est-on obligé d'appliquer de fréquents bassinages à l'aide d'un arrosoir à pomme fine pour que le sol reste constamment humide et que les graines germent. Ces arrosages devront être d'autant plus fréquemment répétés que la graine est plus fine et par suite moins enterrée.

Les semis peuvent être fait ou à l'air libre en pleine terre ou sous abri, en serre et sous châssis.

Les plantes semées ou bien ne peuvent pas être transplantées ou bien, au contraire, supportent la transplantation avec plus ou moins de facilité.

Dans le cas des semis en pleine terre, pour les plantes qui ne se transplantent pas, on peut répandre la graine ou *à la volée* ou bien par places déterminées.

Les semis à la volée se font quand on veut couvrir le sol uniformément. C'est ce qui a lieu pour le gazon, ou encore bon nombre de légumes. Souvent on préfère semer en *lignes* ou en *poquets* afin de faciliter les sarclages et binages que l'on est obligé de faire pour maintenir le sol en état de propreté.

Quand les plantes semées peuvent se transplanter, on sème en *pépinière*, c'est-à-dire dans un coin de terrain spécialement préparé où les plantes ne séjourneront que pendant un laps de temps relativement court.

Si l'on a affaire à des graines de plantes délicates, on sème sous châssis ou en serre. Les plantes qui se transplantent sont semées soit en pot, en terrine ou en pleine terre. Celles qui ne peuvent subir cette opération doivent ou bien être de suite semées en place, ou sous châssis et en pots, où elles demeureront jusqu'à leur mise en place qui s'effectuera sans briser la motte de terre contenue dans le pot à fleurs.

Quel que soit le mode de semis que l'on adopte, on peut dire d'une façon générale qu'il faut d'autant plus enterrer les graines qu'elles ont un plus fort volume. Quand elles sont extrêmement fines on ne les recouvre même pas du tout, si ce n'est à l'aide d'un léger paillis s'il s'agit de la pleine terre, et simplement d'une feuille de verre reposant sur les bords des pots pour les semis de serre.

On peut poser en principe que toutes les fois que les plantes le peuvent supporter il est préférable de pratiquer le *repiquage*, c'est-à-dire la transplantation des jeunes plants.

Cette opération a un effet considérable sur le développement futur de la plante. Celle-ci, quand elle est repiquée, subit un temps d'arrêt il est vrai, mais reprend bientôt une vigueur nouvelle, car les racines brisées lors de la transplantation se sont multipliées et donnent à la plante le moyen de puiser une nourriture plus abondante.

Certaines plantes, non repiquées, ne donnent jamais de bon résultat. De ce nombre sont certains légumes, tels que les salades pommées et les choux. Ces plantes ne pomment que si on a pratiqué le repiquage.

Les plantes repiquées restent plus naines, plus trapues, mieux faites. La raison en est dans ce que à chaque fois qu'on les transplante on leur donne plus d'espace et on favorise ainsi leur bon développement. Aussi dans beaucoup de cas est-il avantageux de repiquer plus d'une fois. On fait alors des pépinières où le plant transplanté une première fois sera à nouveau arraché puis remis définitivement en place.

Quand on veut repiquer des jeunes plants il faut les arracher avec quelque soin, et afin que les racines ne se brisent pas trop il convient d'arroser préalablement le semis, puis on arrache en soulevant le sol à l'aide d'un arrachoir, on choisit les plants les meilleurs. Tous, en effet, ne sont pas bons à prendre. Si l'on en a suffisamment pour pouvoir choisir, il convient de donner la préférence à ceux qui sont droits, vigoureux, bien venants.

Souvent on prépare le plant en retranchant l'extrémité des racines, c'est ce qui a lieu pour beaucoup de plantes à racines pivotantes. On compense cette mutilation par une ablation partielle des feuilles dont on coupe les extrémités.

Le repiquage lui-même se fait en sol bien préparé, ameubli, ou bien en pot s'il s'agit de plantes délicates. Dans tous les cas on se sert d'un *plantoir* de dimension variable. C'est une sorte de piquet en bois, à manche recourbé et dont la pointe peut avantageusement être garnie d'une douille métallique.

Pour repiquer on trace sur le sol des lignes équidistantes, on enfonce le plantoir aux distances voulues et on met un plant, jamais deux, dans le trou ainsi ouvert ; on consolide le plant en place en enfonçant partiellement le plantoir à côté et en appuyant la terre contre le plant repiqué.

Il faut toujours faire suivre le repiquage d'arrosages plus ou moins abondants, suivant la saison et la nature des plantes repiquées. Le plus souvent il est avantageux de recouvrir préalablement le sol où doit se faire ce repiquage d'une légère couche de paillis qui empêchera le sol de se raviner sous l'influence des arrosages et lui conservant plus de fraîcheur, facilitera la reprise.

MOYENS ARTIFICIELS DE MULTIPLICATION

Si dans la pratique horticole on en était réduit, pour la multiplication des végétaux, au seul moyen des semis, on se trouverait bien souvent empêché de propager les plantes les plus précieuses et cela pour des raisons multiples.

Une de ces raisons, qui n'est pas la moins bonne, c'est que bon nombre de nos plantes de culture ne se trouvant pas dans des conditions normales ne fructifieront jamais chez nous; il faudrait donc avoir recours à des importations constantes de graines, ce qui ne serait pas toujours pratique.

Puis les végétaux que nous cultivons sont rarement des types botaniques; ce sont, au contraire, des variétés que nos soins ont créées. Or, quand on possède de ces variétés qui renferment un certain nombre de qualités réelles, il n'est pas toujours prudent de recourir au semis, car si, comme l'on dit, elle n'est pas fixée, il y a des chances à courir pour que les plantes qui seront issues de ce semis prennent des aspects divergents. Ce ne seront plus exactement des végétaux en tout point pareils à ceux qui ont donné la graine, et s'il est des forces qui, comme l'hérédité, tendent à rassembler les plantes et les ramener vers un type primitif, il en est d'autres, au contraire, qui les font diverger sans cesse. Si bien qu'un semis ne donne jamais ou à peu près jamais des résultats complètement assurés, et tous les individus d'un même semis ne se ressemblent pas forcément.

Pour ces raisons, on a recours à des moyens artificiels qui consistent tous à couper sur une plante des fragments plus ou moins grands et à s'arranger de telle sorte qu'ils constituent un végétal complet. Il est clair que, quel que soit le procédé suivi, du moment que l'opération réussit, le résultat devra être ici complètement assuré, en ce sens que le fragment de plante auquel on aura donné une vie propre, perpétuera dans ses moindres détails tous les caractères de la plante sur laquelle il a été prélevé.

Ces conséquences sont poussées si loin, que s'il se trouve sur une plante des variations accidentelles, localisées seulement sur une partie de la plante, produites par un cas de *dymorphisme*, il suffira de multiplier cette portion de plante, branche, rameau, ou même feuille, pour perpétuer en un végétal nouveau ces caractères produits par hasard.

A ces titres divers, les *marcottes*, les *boutures* et les *greffes* sont d'un usage constant en horticulture et y rendent les plus grands services.

I. — MARCOTTE

Beaucoup de plantes ont tendance, dès que leurs rameaux sont placés dans des conditions favorables, à émettre des racines adventives qui restent aériennes comme cela a lieu dans le lierre, par exemple, ou qui se fixent dans le sol quand elles viennent à être mises en contact avec lui.

On conçoit aisément qu'une fois qu'une branche est ainsi munie de racines, elle possède désormais tout ce dont elle a besoin pour vivre de sa vie propre et devenir par suite un végétal complet. Il n'y aura pour atteindre ce but qu'à la détacher de la plante mère, à la *sevrer* comme on dit en horticulture.

Eh bien, ce que la nature fait spontanément dans certains cas, nous pouvons le provoquer artificiellement dans beaucoup d'autres.

Faire enraciner une branche et lui donner ensuite une vie indépendante, c'est ce que l'on appelle faire une *marcotte*.

Le procédé de marcottage le plus simple, consiste à incliner une branche vers le sol et à l'y fixer. Dans bon nombre de cas, elle émettra des racines adventives. Beaucoup de plantes s'enracinent aisément, d'autres résistent absolument à ce mode de multiplication sans qu'il soit possible d'en connaître la cause, et par suite d'indiquer d'une façon générale les cas où l'opération réussira et ceux où il n'y a pas de chances de succès.

L'opération est simple en elle-même. Après avoir

ouvert dans le sol une jauge peu profonde, on y fixe la branche ou le rameau que l'on veut voir s'enraciner. S'ils sont flexibles la terre que l'on mettra par-dessus suffira pour les maintenir en place ; si, au contraire le rameau est rigide, il devient utile de le retenir à l'aide d'une fourche en bois mise à cheval sur le rameau (fig. 7).

Il importe de ne pas trop enterrer la branche que l'on marcotte, sans quoi l'enracinement se fait

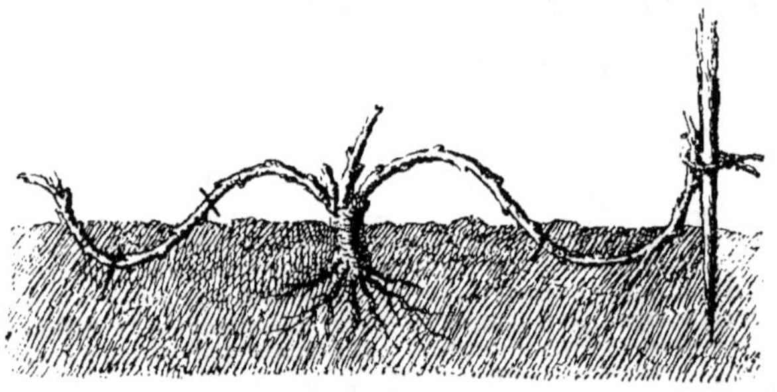

Fig. 7. — Marcotte simple.

mal. Par contre, si la profondeur n'est pas suffisante, le sol n'étant pas assez humide près de sa surface, l'enracinement n'aura pas lieu.

Certaines plantes s'enracinent difficilement, si l'on se contente d'enterrer les rameaux. On facilite alors la reprise des marcottes en faisant une incision à l'endroit où le rameau est coudé dans le sol. C'est alors à l'endroit de cette plaie que naissent les racines adventives.

Il y a quelque avantage à faire la marcotte dans des pots (fig. 8) ; les jeunes plantes n'auront pas ainsi à souffrir de la transplantation.

Le marcottage *en cépée* consiste à butter une

plante dont tous les rameaux s'enracinent (fig. 9).

Lorsqu'il s'agit de marcotter des plantes dont les branches sont ramifiées abondamment, on cou-

Fig. 8. — Marcotte en pot.

che dans le sol la branche entière et on relève au-dessus chacune des extrémités des petits rameaux. Quand l'enracinement est opéré, on obtient

Fig. 9. — Marcotte en cépée.

autant de jeunes individus qu'il y a de sommets de rameaux munis de racines. On donne le nom de marcottage chinois à ce mode spécial.

5.

Ces marcottes, dont il existe encore quelques variétés plus ou moins importantes, peuvent être pratiquées pendant le repos de la végétation, dès l'automne et jusqu'au printemps. C'est l'époque que l'on choisit généralement pour marcotter les espèces à feuilles caduques. On peut encore, avec quelque avantage, faire la marcotte en juillet-août. L'expérience montre qu'en opérant à ce moment de l'année on gagne souvent beaucoup de temps. Cette deuxième époque convient particulièrement aux espèces à feuilles persistantes.

Lorsque le rameau ou la branche que l'on veut marcotter ne peuvent être inclinés vers le sol, on laisse la branche en place et on l'entoure de terre ou de mousse maintenues constamment humides. On voit ainsi la branche s'enraciner à quelque hauteur que ce soit au-dessus du sol. Mais on comprend qu'il est souvent difficile de maintenir ainsi constamment humide un peu de terre exposée à l'air; aussi ce mode de marcottage n'est-il surtout pratiqué qu'en serre, et encore n'y a-t-on recours qu'alors que l'on ne peut user d'autres moyens.

Quel que soit le mode de marcottage que l'on pratique, il y a lieu de donner à ces marcottes des soins généraux qui sont d'ailleurs toujours les mêmes. C'est ainsi qu'il faudra veiller à ce que sur la partie coudée de la branche, il ne se produise pas de rameaux gourmands qui absorberaient à leur avantage toute la sève destinée à la marcotte. Ces rameaux devront donc être enlevés avec soin. Le plus souvent, il convient de munir chaque marcotte d'un tuteur qui, en la maintenant dans une position verticale, aidera à son bon développement et en accroîtra la vigueur.

Quand la marcotte est enracinée on la sèvre, c'est-à-dire qu'on la sépare de la plante mère. Il convient de bien s'assurer que la marcotte est munie de racines avant de couper la branche qui la retient à la plante mère. Souvent il est utile de ne pas faire cette séparation d'un seul coup, mais de commencer par inciser les rameaux pour les couper plus tard définitivement.

La marcotte, une fois séparée, devient un végétal complet et peut vivre de sa vie propre.

II. — BOUTURE

Les marcottes dont il vient d'être question, présentent, il n'en faut pas douter, des avantages multiples, mais elles ont l'inconvénient de ne pas permettre la multiplication rapide des végétaux à un très grand nombre d'exemplaires.

A l'aide du bouturage on atteint rapidement ce résultat.

La pratique des boutures est basée sur ce fait que certains organes des plantes peuvent, placés dans des conditions spéciales, émettre des racines et souvent aussi des bourgeons adventifs. La bouture diffère de la marcotte en ce que les organes sont retranchés de la plante-mère avant d'être enracinés. On comprend que, dans bien des cas, les boutures exigeront des soins plus grands que les marcottes; par contre, ce mode de propagation permet la multiplication rapide des végétaux.

Certaines plantes fournissent des boutures qui s'enracinent avec la plus grande facilité. Tels par exemple les saules, dont il suffit de couper une grosse branche, de la tailler en pointe. comme on le ferait d'un pieu et de l'enfoncer à coup de marteau dans le sol humide où elle devra croître. Elle s'enracine et produit des rameaux aériens au bout de peu de temps.

Mais c'est là un mode de bouturage exceptionnel qui ne trouve, parmi les végétaux, que d'assez rares applications. Le plus généralement, les boutures sont faites avec des rameaux de l'année précédente.

Ces rameaux peuvent être munis de feuilles ou en être dépourvus, suivant que la plante est à feuilles caduques ou persistantes. Il y a lieu d'établir cette distinction qui correspond à des modes opératoires différents.

Quand la plante est à feuilles caduques, le bouturage se fait généralement pendant la période de repos de la végétation, avant, dans tous les cas, que les plantes ne commencent à entrer en végétation. Les rameaux destinés à faire des boutures sont coupés au moment de la taille. On leur donne une longueur qui varie surtout suivant que les bourgeons qu'ils portent sont plus ou moins rapprochés. Ainsi, par exemple, des boutures de vigne (fig. 10), dont les yeux sont distants souvent de plus

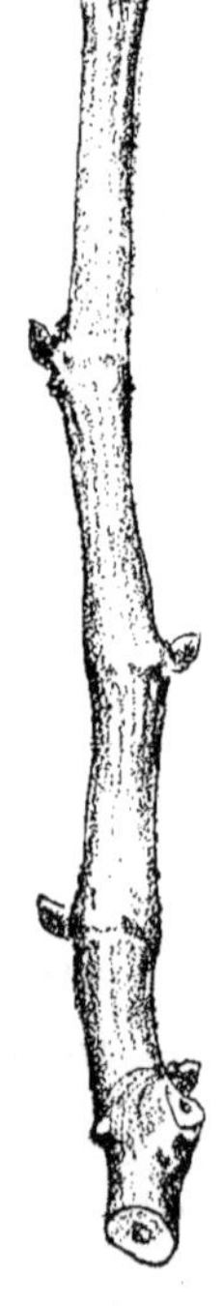

Fig. 10. — Bouture de vigne.

d'un décimètre, seront plus longues que celles de groseillers dont les yeux sont très rapprochés.

Une bouture de rameau ligneux doit porter au moins trois ou quatre yeux ou plus, si ceux-ci sont rapprochés. Ce peut être ou bien l'extrémité de ce rameau, et la bouture est alors munie d'un œil terminal, ou bien cette bouture est prise dans la partie moyenne. Les sections doivent être faites au voisinage d'un œil, au-dessus à la partie supérieure, en dessous à la partie inférieure (fig. 11).

Les boutures une fois préparées doivent être mises en terre. Le plus souvent, il n'y a pas d'inconvénient à faire ces boutures à l'air libre. On peut simplement les planter au plantoir, mais le mieux, quand on a à en faire un certain nombre, c'est d'ouvrir, dans le sol, une jauge oblique dans laquelle les boutures sont rangées côte à côte,

Fig. 11.— Bouture de rosier, préparée.

puis on remet de la terre et on refait une nouvelle rangée et ainsi de suite.

En général, on enterre ces boutures à la moitié ou même aux deux tiers de leur longueur. Il importe qu'elles soient assez enterrées pour que l'enracinement se produise sur une longueur suffisante et qu'en même temps la partie enterrée soustraite à l'évaporation empêche la bouture de se dessécher. Par contre, il n'est pas moins important de ne pas enterrer les boutures trop profondément; l'enracinement ne se produit, en effet, qu'à la condition que la partie enterrée reçoive une aération suffisante. On en a la preuve dans ce fait, que les boutures trop enterrées ne s'enracinent que dans la partie superficielle et non dans la couche profonde du sol. C'est pour cette raison que l'on fait des jauges obliques.

Quand il s'agit de propager des espèces à feuilles persistantes ou demi-persistantes, il est infiniment préférable de faire les boutures sous verre, de façon à les soustraire à une évaporation trop vive. C'est de cette façon que doivent être traitées les boutures de fusain du Japon, d'aucuba ou même de rosier. L'usage des cloches est, dans ce cas, extrêmement favorable. On prépare le sol, puis on y applique la cloche pour qu'elle trace à la surface l'espace qu'elle doit occuper, et on y pique au plantoir des boutures à quelques centimètres les unes des autres. Il faut arroser ces boutures dès qu'elles sont faites, puis replacer la cloche et l'appliquer sur le sol en l'y appuyant pour éviter le renouvellement de l'air. Il est bon de faire ces boutures à l'ombre ou tout au moins de les abriter de l'action directe du soleil en recouvrant la cloche d'un abri léger. Ces boutures poussent, comme les précédentes, au commencement du printemps, avec les rameaux coupés lors de la taille; mais il est préférable, dans la plupart des cas, de les faire en août-septembre, la reprise est généralement plus prompte et plus facile à ce moment-là.

Ainsi se pratiquent les boutures dites simples, c'est-à-dire ne comportant qu'un fragment de rameau de l'année. Mais l'expérience montre que, dans bon nombre de cas, les boutures s'enracinent mieux quand elles sont munies d'un peu de vieux bois. Dans ce cas, on la coupe avec une partie de la branche qui la portait. C'est ce que l'on appelle une *bouture à talon* (fig. 12) ou *bouture en crossette* (fig. 10). La bouture en crossette comporte une partie de la branche mère; celle à talon résulte de l'éclatement d'un rameau de dessus la branche qui le portait; le talon est donc représenté par une partie de vieux bois. Ces boutures sont particulièrement à recommander pour la multiplication de certains végétaux tels que la vigne, le platane, etc., chez lesquels on remarque que les racines se développent surtout au voisinage de ce talon (fig. 13).

Fig. 12.
Bouture à
talon.

Ces boutures faites avec des parties ligneuses peuvent, dans certains cas, ne comporter que des portions très faibles de rameau. C'est ainsi que pour la vigne, par exemple, on pratique avec succès un mode de bouturage spécial dans lequel la bouture ne comporte qu'un seul œil avec la partie correspondante

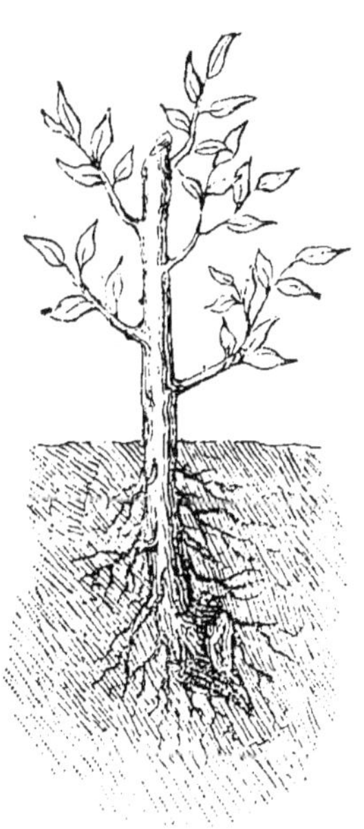

Fig. 13. — Bouture
à talon enracinée.

du bois du rameau (fig. 14 et 15). Ces boutures doivent être traitées avec quelques égards. Pour qu'elles reprennent, on est obligé de les faire sur couche en plaçant chaque bouture dans un petit godet.

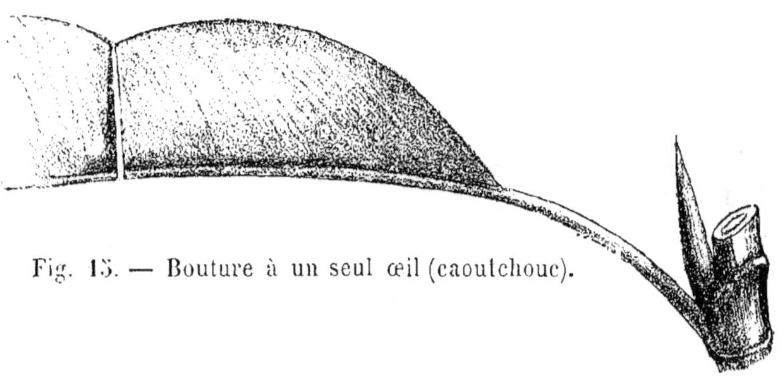

Fig. 14.
Bouture à
un seul œil
(vigne).

Toutes les parties ligneuses peuvent servir au bouturage : c'est ainsi que le mode le plus pratique de multiplication pour certaines plantes est de faire des boutures avec des racines que l'on coupe par morceaux.

Si certaines plantes, comme nous l'avons vu, ne reprennent bien qu'à la condition de faire des

Fig. 15. — Bouture à un seul œil (caoutchouc).

boutures munies de vieux bois, d'autres par contre, ne s'enracinent bien qu'à la condition de faire ces boutures avec les extrémités tendres et non encore aoûtées. C'est ainsi que se pratiquent les *boutures herbacées* (fig. 16). Ce mode de bouturage est celui qui s'applique au plus grand nombre de plantes et qui donne en général les résultats les plus prompts et les plus assurés.

Il sert à la multiplication de toutes les plantes dont les rameaux ne sont jamais ligneux, et aussi d'une foule d'arbres ou d'arbustes que l'on utilise dans l'ornementation ou que l'on cultive pour les produits qu'ils donnent.

Les boutures herbacées ne peuvent être faites qu'avec les parties encore tendres des rameaux. Sitôt que ceux-ci deviennent durs et ligneux les boutures ne reprennent plus avec autant de facilité. C'est donc dire par là que la plante qui fournit

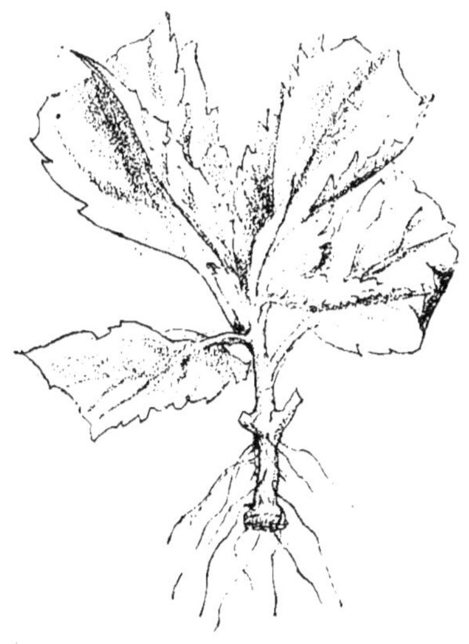

Fig. 16. — Bouture herbacée.

les boutures doit indispensablement être en voie de développement; il en découle que ces boutures ne peuvent être faites qu'au moment où les plantes poussent. Dans la pratique, les deux grandes périodes du bouturage herbacé sont d'une part, l'hiver et le printemps pour les plantes cultivées en serre et un certain nombre de plantes vivaces de pleine terre; d'autre part, la fin de l'été et le commencement de l'automne alors que les plantes reprennent un dernier élan de végétation qui sera bientôt arrêté par les premiers froids.

Si les pousses dont on se sert sont longues et restent tendres sur un parcours suffisant, on peut en faire deux boutures : une avec l'extrémité, ce sera une *bouture de tête* (fig. 17); l'autre avec la partie basilaire, ce sera une *bouture tronquée*. Les résultats que donnent l'une ou l'autre de ces deux boutures ne sont pas les mêmes. L'une en effet est munie d'un bourgeon terminal qui prolongera verticalement le rameau, l'autre se ramifiera dès le début.

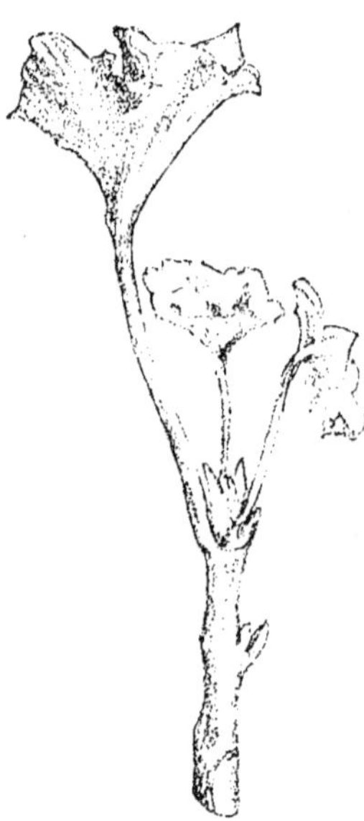

Fig. 17. — Bouture de tête (géranium).

Ces boutures étant tendres, gorgées d'eau, pourvues de feuilles, se flétriront avec la plus grande facilité pour peu qu'elles soient soumises à des causes d'évaporation, aussi dans la généralité des cas convient-il de les faire sous verre, à l'étouffée.

Exceptionnellement certaines boutures, comme celles des géraniums (fig. 17), par exemple, bien que herbacées, sont faites à l'air libre pendant l'été. Mais dans ce cas pour diminuer l'évaporation il est indispensable d'enlever une partie des feuilles que porte la bouture. Cette précaution est souvent utile même pour les boutures faites à l'étouffée.

Dans la plupart des cas il est avantageux de faire la section du rameau au-dessous du point d'insertion d'une feuille. Pour certaines plantes à enracinement facile cette précaution devient inutile.

Ces boutures herbacées s'enracinent avec rapidité. Il n'est pas rare de voir les racines apparaître au bout de quarante-huit heures pour peu que ces boutures soient faites sous verre, et qu'on leur fournisse une chaleur suffisante. A cet égard on peut dire d'une façon générale que les boutures herbacées doivent toujours être placées dans un milieu plus chaud que n'est celui dans lequel croit la plante-mère. Cette observation n'est applicable qu'aux boutures· herbacées, car bon nombre de boutures ligneuses faites à chaud pourrissent avant de s'enraciner; il leur faut un temps de repos et de préparation pour que le travail d'émission des racines s'accomplisse.

Il y a des exceptions à cette règle, notamment en ce qui concerne les boutures ligneuses. C'est ainsi que des boutures de ce genre faites avec des plantes de serre sont le plus ordinairement faites à chaud. Dans ces cultures de serre on fait souvent des boutures avec des fragments de tiges munies de feuilles, comme avec le caoutchouc, ou dénudées comme cela a lieu avec le dracœna. Les uns et les autres sont faits à chaud.

Enfin il n'y a pas jusqu'aux feuilles et aux pétioles qui ne puissent, à un moment donné, servir à faire des boutures. Certaines plantes en effet ont la propriété d'émettre sur leurs feuilles, placées dans des conditions spéciales, des racines et des bourgeons adventifs. Ces plantes sont beaucoup plus nombreuses qu'on ne l'avait cru primitivement dans la pratique ; cependant on n'applique ce mode de propagation qu'à un nombre assez restreint de plantes.

Les bégonias à grandes feuilles (*Bégonia rex*), ces belles plantes au feuillage coloré si décoratif, fournissent un des meilleurs exemples du bouturage par la feuille (fig. 18). Il suffit, en effet, après avoir détaché une de ces feuilles et d'en avoir sec-

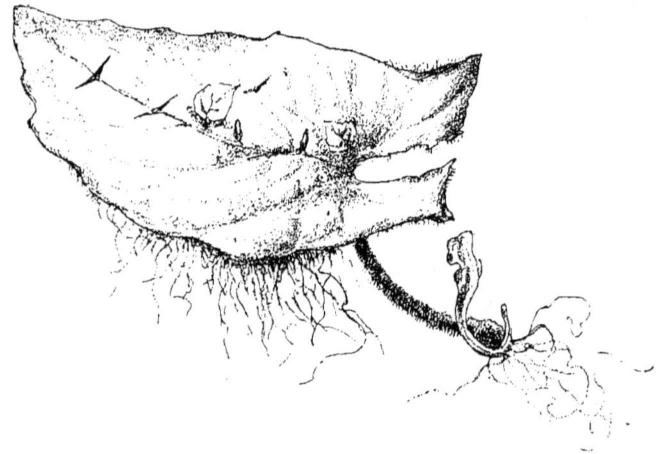

Fig. 18. — Bouture de feuille enracinée (bégonia).

tionné les principales nervures de la placer dans un milieu chaud et humide pour voir cette feuille émettre des racines adventives ainsi que des bourgeons qui formeront autant de plantes nouvelles ; il n'y aura plus qu'à détacher ces petites plantes ainsi formées et à les planter dans des pots séparés.

L'expérience montre que certaines espèces de ces bégonias émettent plus facilement de ces bourgeons sur les petioles que sur les tiges. Dans ce cas est la très belle espèce connue sous le nom de bégonia à feuilles de ricin. Les résultats sont d'ailleurs les mêmes dans ce cas comme dans le précédent.

On a fort discuté sur le point de savoir s'il convient de faire les boutures directement dans la terre dans laquelle elles devront croître, ou bien s'il est préférable de se servir de substances diverses telles que sciure de bois, sable, etc.

Il n'y a à cet égard rien d'absolu. Lorsque l'on fait les boutures à chaud en serre, on peut les faire dans telle substance que l'on veut ; aucune n'influe sur l'émission des racines, et dès que celles-ci seront produites, on transplantera les boutures dans le milieu qui leur convient le mieux. Que si, au contraire, les boutures doivent croître longtemps dans la terre de bouturage, il est clair que celle-ci devra de suite être celle dans laquelle la plante croit le mieux.

Le système de bouturer directement les plantes dans des petits godets dans lesquels elles devront rester pendant quelque temps est très généralement suivi par les horticulteurs. Il a l'avantage de donner des résultats rapides en ce sens que les plantes n'ont pas besoin d'être transplantées.

Dans le cas où les boutures sont faites à l'étouffée, on les arrache dès qu'elles commencent à émettre des racines et on les rempote à raison d'une ou deux par godets, suivant les cas.

Les *rempotages* doivent être faits avec soin. Il convient en général de se servir de vases petits et suffisants seulement, pour que les racines y logent commodément. Quand il s'agit d'opérer un

6.

rempotage, on place dans le fond du pot qui doit être percé, un ou plusieurs tessons destinés à empêcher que ce trou ne se bouche et à permettre à l'eau de s'écouler ; ils opèrent le drainage des pots. On met un peu de terre et maintenant ensuite la plante à empoter entre les doigts au milieu du pot, on laisse tomber la terre sur les racines. Quand celui-ci est plein on tasse la terre avec les pouces et on termine en égalisant la surface. Il convient de ne pas remplir le pot complètement mais de laisser un espace libre d'un centimètre environ afin de permettre de faire les arrosages.

Nous avons dit qu'il importe de ne pas mettre les plantes dans des pots trop grands, cependant arrive bientôt le moment où elles sont trop à l'étroit dans les petits pots dans lesquels on les a placées, on les remet alors dans un pot plus grand. L'opportunité du rempotage est indiquée par ce fait que les racines tapissent toute la motte de terre, contournant les parois du pot.

Ici encore l'augmentation de volume du pot doit être graduelle, c'est-à-dire, qu'il ne faut employer que des pots un peu plus grands que ceux dans lesquels se trouvent les plantes.

L'opération se fait sensiblement de la même façon : on place dans le fond du pot quelques tessons puis un peu de terre ; on dépose alors la plante au milieu du pot, et remettant de la terre on la fait glisser entre les parois du pot et la motte de terre de la plante à l'aide d'une spatule en bois et l'on tasse à mesure. Si le rempotage est bien fait, quand on retire la plante du pot en la renversant et frappant légèrement sur le bord, la nouvelle motte doit sortir sans se briser et doit être uniforme de tous côtés sans présenter de vides.

LA GREFFE

Tous les moyens de multiplication que nous venons de passer en revue, bien que se prêtant à des combinaisons très diverses, sont encore insuffisants pour répondre à toutes les exigences culturales. Certaines plantes, en effet, ne peuvent être propagées par tous les moyens précédemment décrits, et de ce nombre sont notamment presque tous nos arbres fruitiers. On est bien obligé alors d'avoir recours à la greffe.

La greffe est une opération qui consiste à transporter sur un végétal appelé *sujet* un fragment d'un autre végétal auquel on donne le nom de *greffon*, et de placer ce dernier dans des conditions telles que les deux parties se soudent l'une à l'autre.

La reprise de la greffe est donc subordonnée à cette soudure entre le greffon et le sujet; il convient donc d'examiner quelles sont les conditions nécessaires pour que cette soudure ait lieu.

Sans qu'il nous soit possible d'entrer ici dans une considération dont le développement nous entraînerait trop loin, il nous semble cependant indispensable de donner quelques indications aussi précises que possible à cet égard, car lorsque l'on connaît bien les conditions théoriques dans lesquelles la greffe est possible, on a en son pouvoir un guide sûr qui conduit au succès.

La première condition indispensable pour que toute greffe, de telle sorte qu'elle soit, et nous verrons que les variétés en sont nombreuses, réussisse, c'est que le tissu jeune du greffon soit en contact immédiat avec le tissu jeune du sujet.

Or il existe, comme on le sait, dans toute partie de la ramification des plantes, quelque âgée qu'elle puisse être, une région en voie d'activité constante. On appelle cette région le *cambium* ou *zone génératrice*. Elle est située entre le liber et le bois proprement dit.

On peut donc dire que la condition indispensable à la reprise est la coïncidence des deux zones génératrices du sujet et du greffon. En dehors de cette condition point de salut, et on le comprend sans peine. Que faut-il, en effet, pour que la reprise ait lieu? Il faut indispensablement qu'il y ait soudure entre les deux végétaux mis en présence. Il faut que leurs cellules s'affrontent, s'amalgament pour qu'il puisse y avoir échange de nourriture, de sève.

Ce n'est donc pas une réunion à la façon d'une mortaise telle qu'en font les menuisiers, qu'il s'agit d'opérer, c'est une union intime des éléments anatomiques.

Mais ce n'est pas tout, et sous la raison que l'on a bien rempli la condition anatomique exigée, il n'en faudrait pas conclure au succès de l'opération.

Il convient encore de remplir d'autres conditions. Il faut qu'il y ait entre sujet et greffon une parenté, une affinité, un rapprochement suffisants. Ici il ne nous est pas permis d'être aussi précis et aussi affirmatif que dans le cas de la première condition énoncée. C'est qu'en effet bien que la greffe soit une opération connue et pratiquée depuis la plus haute antiquité, il n'a peut-être pas été recueilli sur son compte d'observations suffisamment nombreuses pour en pouvoir déduire une indication générale et pour dire : dans tel cas la greffe est possible, dans tel autre elle ne l'est pas.

On dit : il faut qu'il y ait parenté entre le sujet et le greffon. C'est entendu. Mais quelle parenté ? A quel degré est-elle suffisante ? A quelle limite ne l'est-elle plus ? Il est impossible de répondre d'une façon nette, précise, et il faut nous contenter de citer quelques cas particuliers.

D'une façon générale on peut dire qu'il faut qu'il y ait entre les deux plantes une parenté proche. Ce n'est pas douteux ; mais une des meilleures raisons pour que l'on n'en puisse indiquer les limites, c'est qu'il existe des cas comme le suivant :

Le pommier et le poirier sont tellement parents, que Linné, et après lui un grand nombre de botanistes éminents, les rangent sous un même nom botanique. Cependant, essayez de greffer ces arbres l'un sur l'autre, vous aurez un résultat provisoire, si l'on peut dire, en greffant le pommier sur le poirier. La greffe reprendra, mais ne poussera pas. En faisant l'inverse vous aurez un insuccès complet. Pourquoi? Certains disent : parce que les deux plantes ne sympathisent pas. C'est un mot, ce n'est pas une explication.

Et maintenant, greffez ce même poirier sur le cognassier, dont il est botaniquement parlant bien plus éloigné. La greffe reprendra toujours, à telle enseigne que c'est une opération couramment pratiquée.

On ne peut tout citer, il faut choisir : on trouve une solution plus générale dans le cas de la greffe des arbres à feuilles persistantes. Ceux-ci reprennent quand on les greffe sur des arbustes à feuilles caduques. La reprise n'a pas lieu dans le sens inverse.

Il faut ajouter que si l'on ne sait pas toujours si la greffe est possible entre plantes de proche parenté, on sait, par contre, qu'elle est impossible quand les plantes sont de parenté éloignée.

S'il est intéressant de savoir dans quelles conditions la greffe est possible, il n'est pas moins utile d'en connaître les conséquences. A cet égard il est permis d'être plus affirmatif.

On a dit que la greffe modifie la façon d'être du greffon, autrement dit que le sujet avait une influence sur le greffon. — Il s'agit de s'entendre. — Il n'est pas douteux que si on greffe un poirier sur poirier franc qui est une espèce très vigoureuse, on n'aura pas le même résultat que si on greffe sur cognassier. Dans le premier cas, on aura un arbre vigoureux, dans le second, son développement sera moindre. Il en résultera encore que toutes les qualités ou les défauts inhérents à l'une ou l'autre de ces manières d'être s'accuseront plus ou moins nettement. Mais la nature du fruit sera-t-elle modifiée même dans ses caractères extérieurs, sa forme, son goût? Assurément non.

Il n'y aura pas plus de changement qu'il ne peut en advenir chez un enfant, qu'il soit nourri avec le lait maternel ou bien du lait de vache, de chèvre ou d'ânesse. L'enfant profitera plus ou moins de cette nourriture suivant qu'elle lui conviendra ou non; il en deviendra plus ou moins vigoureux, mais ce sera tout. Ainsi des plantes. La greffe reprendra ou ne reprendra pas; mais si elle a réussi elle ne modifiera pas dans le fond la nature du greffou.

Et, en effet, qu'est la greffe, sinon une simple juxtaposition. Un individu greffé est dans la même position qu'un autre qui sera bouturé : il est implanté sur un autre végétal au lieu de l'être sur le sol, voilà tout. Les tissus ne se mélangent pas, on le voit par un examen microscopique.

Chacun des deux conjoints conserve à ce point son autonomie, que souvent sa vigueur elle-même n'en est pas modifiée, et chacun croit avec sa force propre faisant sur le point de jonction une saillie dans un sens ou dans l'autre.

Au surplus si cette influence existait, il est des cas ou l'on en devrait trouver des preuves bien nettes. Il en serait ainsi notamment quand on viendrait à greffer plusieurs variétés de poires sur un même arbre ou différentes variétés de roses sur un même églantier. Eh bien! que voit-on dans ce cas, sinon que chaque variété conserve sa pleine et entière autonomie.

Il n'est donc point besoin d'insister plus longuement sur un point dont l'importance est capitale et qui a donné lieu à tant de controverses.

Les avantages que présente la greffe sont multiples, mais le principal est celui de permettre d'adapter certains végétaux à des conditions particulières. Nous avons vu, par exemple, que le poirier pouvait être greffé sur poirier franc ou sur cognassier. Le premier croît dans les terrains profonds, substantiels ; le second s'accommode d'un sol dont la couche arable est peu épaisse. Il en résulte que, suivant tel ou tel cas, on aura avantage à donner la préférence à l'un ou à l'autre de ces deux porte-greffes.

Grace à la greffe on peut transformer la nature d'un arbre, lui faire porter de bons fruits, hâter sa fructification.

A ces titres divers, c'est une opération des plus importantes.

Pour ce qui est de la pratique opératoire de la greffe, elle se prête à des combinaisons multiples. L'ancienneté de cette opération a fait que, chacun la modifiant dans un sens différent, on est arrivé à constituer des genres de greffes extrêmement divers. C'est par centaines qu'on les compte.

Ceux que la question intéresse jusque dans ses moindres détails ne liront pas sans intérêt : l'*Art de greffer*, de M. Baltet. Pour nous, nous nous contenterons de décrire les modes de greffage les plus importants, préférant nous limiter plutôt dans le nombre, que dans les détails pratiques dont la connaissance est indispensable pour mener les opérations à bien.

Le mode de greffage le plus simple est celui qui consiste à rapprocher deux individus croissant

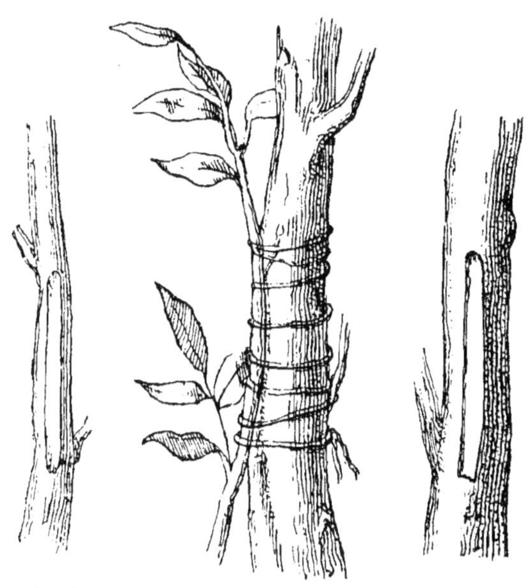

Fig. 19. — Greffe par approche.

côte à côte et à les souder. C'est ce que l'on appelle la *greffe par approche* (fig. 19 et 20).

Le sujet et le greffon sont incisés sur une longueur et suivant une surface égale ; puis après s'être assuré que les plaies coïncident bien, on ligature fortement pour rendre l'adhérence aussi complète que possible. Au bout d'un certain temps les tissus cicatriciels produits de part et d'autre se joignent et la soudure s'opère. Quand elle est complète, on coupe le rameau greffon et on retranche la tête du sujet, si bien que celui-ci ne porte plus comme ramification que le greffon.

Ce mode de multiplication rend des services dans les pépinières pour la multiplication de certains arbres qu'il est impossible de greffer par d'autres moyens. Il a l'inconvénient d'exiger que

Fig. 20. — Greffe par approche en incision.

les arbres qui doivent être greffés croissent à proximité l'un de l'autre.

Tous les autres procédés de greffage se distinguent nettement de celui-là en ce que le greffon est préalablement détaché. Aussi est-il indispensable d'entourer l'opération de précautions plus nombreuses, plus minutieuses.

Un mode de greffage fréquemment employé est celui que l'on nomme *greffe en fente* (fig. 21). Voici en quoi il consiste :

Le sujet est un arbuste qui peut présenter une

grosseur variable, mais dont la tige aura au moins 1 centimètre et demi à 2 centimètres de diamètre. On le coupe à telle hauteur que l'on veut, soit près de terre, soit à un mètre ou deux au-dessus du sol si l'on veut avoir un arbre à tige. Puis, après avoir paré la plaie à l'aide de la serpette, avec ce même instrument enfoncé à coup de

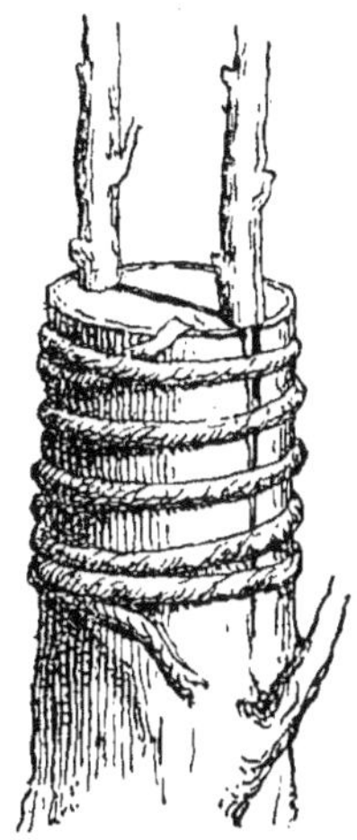

Fig. 21. — Greffe en fente.

maillet, on fend la tige suivant un de ses diamètres. Il faut avoir soin, pour ne pas déchirer l'écorce, de faire basculer la lame dans un sens puis dans l'autre. On donne à cette fente une profondeur d'environ 5 centimètres.

Il s'agit maintenant de préparer le greffon. Celui-ci est un fragment de rameau de l'année précédente, on choisit, pour le prélever, l'endroit où les bourgeons se présentent le mieux, ce qui est habituellement dans la partie moyenne du rameau.

On donne au greffon une longueur de 8 à 10 centimètres. Sa partie supérieure est coupée au-dessus d'un bourgeon. Quant à sa base, on la taille à partir de la moitié de la longueur totale en un double biseau tout en laissant l'écorce sur le talon.

Quand le greffon est ainsi préparé, il n'y a plus qu'à l'insérer dans la fente du sujet. On ouvre la plaie soit à l'aide de la serpette ou d'un coin et on introduit le greffon sur le bord, de façon à ce que toute la partie coupée en biseau disparaisse dans la fente du sujet.

Il s'agit de bien faire coïncider les deux zones génératrices. Pour cela, il n'y a pas à songer à prendre repère sur les écorces, celles-ci n'ayant pas la même épaisseur, les deux zones ne concorderaient pas. Le mieux est d'insérer le greffon un peu obliquement; on est sûr alors que les deux zones se rencontreront au moins au point du croisement.

Quand le greffon est bien en place, on enlève le coin qui maintient la fente ouverte et le greffon se trouve le plus souvent solidement maintenu. S'il n'en était pas ainsi, il serait utile d'appliquer une ligature maintenant le tout en place. Il importe de ne pas laisser toutes ces plaies béantes : on les recouvre entièrement de mastic à greffer à l'aide duquel on englue le tout. Il est bon de faire ensuite un cornet en papier et d'en coiffer la greffe; on la soustrait ainsi à l'action des intempéries.

On fait la greffe en fente au printemps avant

que les arbres ne poussent. Il est utile de laisser s'établir une différence de végétation entre le greffon et le sujet. Ce dernier devra donc, dans tous les cas, être plus avancé que le greffon, de cette façon celui-ci recevra de la nourriture dès qu'il voudra se mettre à pousser; dans le cas inverse, le sujet ne lui fournissant pas de suite toute l'alimentation nécessaire, il pourrait se dessécher et périr.

On modifie la greffe en fente de différentes façon, suivant les cas. Si le sujet présente, sur la section de sa tige, au moins 3 centimètres en diamètre, il est bon d'insérer deux greffons, un de chaque côté (fig. 21). On double ainsi les chances de succès. Cependant, si les deux reprennent, dans la généralité des cas, on supprime l'un des deux pour éviter un encombrement de branches. Que si, par contre, la tige à greffer est de faible diamètre, on greffe en *demi-fente*, c'est-à-dire qu'au lieu de fendre totalement on ne fend que la moitié et on insère un seul greffon.

Un mode de greffage très usité pour la multiplication d'un grand nombre d'arbustes est celui que l'on désigne sous le nom de *greffe en placage* (fig. 22). Le sujet à greffer est environ de la grosseur du tuyau d'une plume à écrire. Sur le côté on fait une incision transversale que vient rejoindre une autre un peu oblique et longitudinale. On obtient ainsi une plaie nettement arrêtée à la base par une petite encoche et terminée, au contraire, à la partie supérieure, par une section insensiblement atténuée. Le greffon, qui est un petit rameau généralement terminal, est taillé de telle façon que sa section coïncide aussi exactement possible avec celle du sujet. On applique l'un sur l'autre et on ligature.

La ligature doit être faite avec soin; on se sert généralement de raphia. Il convient de commencer toujours la ligature par en haut afin de

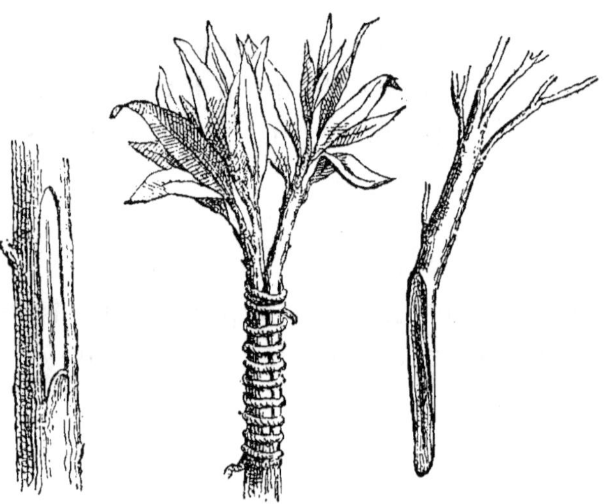

Fig. 22. — Greffe en placage.

chasser le greffon vers la base et de le fixer contre le cran qui l'arrête. Pour que cette greffe reprenne bien, il convient de la faire sous verre à l'étouffée.

Enfin, nous indiquerons encore une des greffes qui est peut-être la plus usitée de toutes. C'est celle que l'on désigne sous le nom *de greffe en écusson*.

Cette greffe se fait toujours sur des rameaux encore jeunes et dont l'écorce peut se détacher facilement. C'est souvent un rameau de un ou deux ans. Elle peut donc être faite ou bien sur un jeune arbuste ou sur les rameaux jeunes d'un arbre tout développé.

La première préparation à faire subir à la plante que l'on veut greffer consiste à la débarrasser des petits rameaux ou des épines qui pourraient gêner

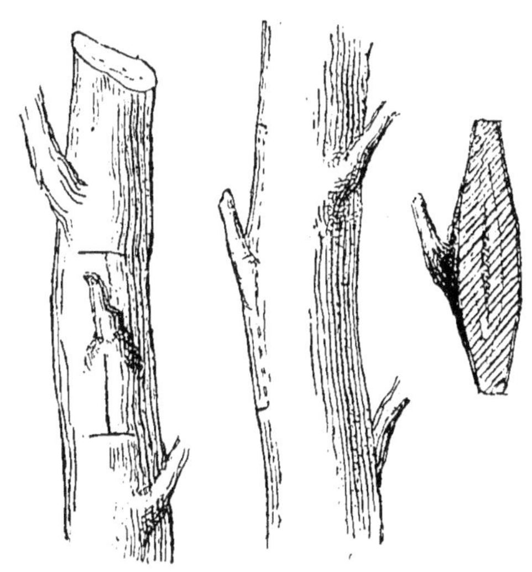

Fig. 23. — Greffe en écusson (prélèvement de l'œil).

dans l'opération, puis on incise l'écorce à l'aide d'un greffoir dont la lame doit être bien tranchante. On donne un premier coup de greffoir transversalement, puis un second longitudinal, long de 4 à 5 centimètres et qui vient rejoindre le premier, si bien que cette double section prend la forme de la lettre majuscule T.

La préparation du greffon consiste à prélever un œil avec la partie d'écorce correspondante. L'œil doit être choisi bien formé et présentant toute garantie de viabilité; on le prend dans la partie moyenne d'un rameau, ceux de la partie supérieure étant portés par un bois trop grêle et ceux de la base n'étant pas assez développés.

Le prélèvement de cet œil demande un peu de pratique opératoire (fig. 23). Le plus commode est de commencer par faire à 1 centimètre et demi au-dessous de l'œil une incision transversale, puis, tenant le rameau de la main gauche, de couper en attaquant à peu près à la même hauteur au-dessus. En suivant ainsi l'écorce on a un œil muni d'un peu de bois. Il est préférable de ne pas enlever ce bois, car on risquerait d'arracher en même temps l'axe du bourgeon, ce qui amènerait infailliblement sa mort.

L'œil étant préparé, on soulève les deux bords de l'écorce incisée en T à l'aide de la spatule du greffoir, et on glisse le greffon sous cette écorce en le faisant descendre suffisamment pour qu'il soit complètement caché et que seul l'œil apparaisse (fig. 24). Puis on ligature en commençant par le haut. Cette ligature doit être assez solide pour que le greffon soit bien adhérent au sujet; il faut notamment serrer un peu à la hauteur de l'œil afin de bien l'appliquer contre le bois du sujet.

On conçoit qu'une semblable greffe ne peut être faite qu'alors que les végétaux sont en sève, comme on dit, c'est-à-dire quand les cellules de la zone génératrice sont en activité et que l'écorce se détache facilement. Or, chez la plupart des végétaux, cette période d'activité se manifeste surtout au printemps, mais aussi en juillet-août. Les greffes en écusson peuvent donc être pratiquées à ces deux saisons. Celles faites au printemps sont dites *à œil poussant*, parce que les greffes se développent de suite. Par contre, on donne le nom de greffe *à œil dormant* à celles qui, faites en été, restent à l'état de repos pendant l'hiver et ne se développent qu'au printemps suivant.

La greffe à œil dormant est généralement pré-

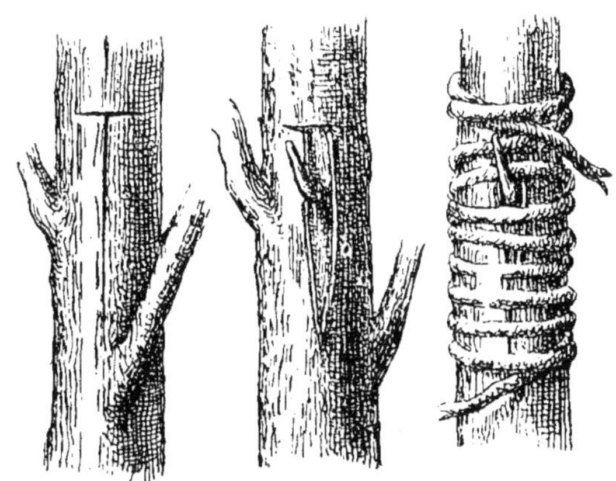

Fig. 24. — Greffe en écusson (œil mis en place).

férée ; elle donne une pousse plus vigoureuse que celle provenant d'un œil qui se développe de suite, Quand on fait cette greffe en été, on coupe la feuille sur le pétiole afin de diminuer les causes d'évaporation. Le fragment de pétiole qui reste donne une indication précieuse sur la reprise de la greffe. S'il se déssèche et reste adhérent après l'écusson, cela indique que la reprise n'a pas lieu. Dans le cas de succès, le pétiole jaunit puis tombe spontanément.

La greffe en écusson présente entre autre avantage de ne pas exiger l'ablation des rameaux de l'arbre que l'on soumet à cette opération. Elle est généralement d'une réussite facile. Appliquée à certains arbustes, elle reprend, si elle est bien faite, dans la proportion de 95 p. 100.

Une modification utile de cette greffe consiste à appliquer sur le même rameau deux écussons l'un en face de l'autre. On a ainsi dans la formation de la charpente des arbres deux branches absolument opposées.

Tous les arbres soumis à l'opération de la greffe réclament certains soins généraux. Il est souvent utile de les préparer, de les mettre en végétation par des arrosages préalables. Puis, quand l'arbre est greffé, il convient de veiller à ce que des rameaux gourmands ne viennent pas gêner la greffe dans son bon développement. Enfin, quand la greffe est reprise et si l'arbre n'a pas été préalablement décapité, comme c'est le cas dans la greffe en fente, il faut retrancher toutes les branches qui ne sont pas greffées et qui appartiennent au sujet afin de ne laisser se développer que les rameaux rapportés par la greffe.

Dans le cas de la greffe en écusson, on conserve une partie du rameau qui a subi la greffe pour servir de tuteur au jeune rameau qui se développe et que l'on attache contre ce prolongement. Plus tard, quand la greffe est bien reprise, on enlève ce support, que l'on nomme onglet, et il conviendra de veiller sans cesse à ce qu'il ne se développe pas de rameaux provenant du sujet, sous peine de voir le greffon s'épuiser et finalement périr.

DEUXIEME PARTIE

LE JARDIN D'AGRÉMENT

Quand il s'agit d'établir un jardin d'agrément, il convient dès le début d'en arrêter nettement la disposition, de prévoir sa forme, d'indiquer le parcours des allées, la place des corbeilles et des plantations arbustives, en un mot, d'en faire le plan. Rien ne doit être laissé au hasard : tout doit être prévu, calculé, si l'on veut que l'ensemble conserve une harmonie suffisante.

Ce plan doit être fait sur le papier afin de prévoir à l'avance les modifications que l'on peut être amené à y apporter pour telle ou telle raison.

Il convient de bien poser en principe que la fonction d'un jardin doit être avant tout définie. S'il s'agit d'un jardin d'agrément, les cultures légumières doivent en être absolument proscrites. C'est à peine si, dans de certaines limites, les arbres fruitiers peuvent être admis. Nous verrons quelles sont les places qui leur doivent être réservées.

Si donc on dispose d'un espace de terrain que l'on juge suffisant, l'on pourra établir d'une part un jardin d'agrément et réserver par contre un emplacement spécial pour les légumes : ce sera un potager isolé.

Cette spécialisation est de tous points indispensable pour la double raison que, d'une part, l'œil qui, dans un jardin de plaisance, ne cherche qu'embellissement de tous genres, s'accommode fort mal de la vue de quelques carrés de légumes intercalés entre les corbeilles de fleurs et que d'autre part, les légumes eux-mêmes ont à souffrir de cette combinaison dans laquelle ils doivent supporter des ombrages nuisibles et une privation d'air qui les font s'étioler.

Il est inutile, ce nous semble, d'insister plus longuement sur ce point dont la conception vient à l'esprit de tous ceux qui aiment l'ordre et le classement et qui veulent d'un jardin tirer le meilleur parti possible.

Le jardin d'agrément, ce doit être le salon fait pour l'été. Tout doit y être rangé, propre et harmonieux.

Il est clair que la forme d'un jardin peut être infiniment variable et dépend, dans une certaine mesure, des limites de la propriété et des contours du terrain qui doit être affecté à son organisation. Il n'est pas douteux aussi que, dans bien des cas, il est utile d'avoir recours aux gens spéciaux qui s'occupent de ces questions et qui, par la pratique qu'ils ont acquise, peuvent rapidement prévoir une foule de détails d'organisation dont la notion échappe à ceux qui n'ont ni exercé ni fait à cet égard des études spéciales. Nous allons essayer néanmoins de fournir des indications aussi précises qu'il nous sera possible de le faire dans un cadre aussi restreint que celui que nous voulons imposer à cet ouvrage.

Les jardins d'ornement se classent tous en deux catégories : l'une comprend les jardins réguliers à forme géométrique et que l'on nomme *jardins français*. L'autre, les jardins de forme irrégulière dans lesquels on s'efforce d'imiter les scènes de la nature ; on les désigne sous le nom de *jardins paysagers*, et quelquefois aussi, mais improprement, sous le nom de *jardins anglais*, attribuant ainsi la priorité de cette conception aux Anglais, ce qui est une erreur, comme l'a nettement établi M. Éd. André, basant son dire sur des relations historiques exactes.

JARDIN FRANÇAIS

Dans le jardin français tout est prévu, réglé, arrangé dans un ordre de régularité et de symétrie aussi grand que possible. Tous les anciens jardins étaient dessinés dans ce style dont on ne peut parler sans citer le nom de Le Nôtre, qui établit en France quelques grands parcs, notamment celui de Versailles.

La disposition du jardin à la française a été depuis, fort abandonnée. Elle ne nous retiendra pas longtemps, car elle n'est applicable que lorsqu'on dispose d'un emplacement suffisant et que surtout il s'agit d'encadrer un monument dont les détails architecturaux ne doivent être masqués par aucun obstacle.

Ces jardins conviennent donc très bien pour encadrer un monument public ou encore un château ou une habitation construite avec luxe. Dans ce dernier cas, notamment par une combinaison savante, on établit dans le voisinage des bâtiments un jardin de style français qui passe par une gradation insensible au jardin paysager à mesure que l'on s'éloigne des bâtiments habités.

Le jardin français est souvent le seul que l'on puisse créer dans un espace très limité.

Quand on veut établir un jardin français il convient de disposer d'un emplacement régulier, s'il est possible, ou du moins rendu tel en apparence par des plantations arbustives que l'on taille régulièrement et suivant un alignement voulu.

Le centre de l'espace libre est réservé pour l'établissement d'un gazon qu'entoureront des allées et des plates-bandes régulières. Ce gazon ne doit pas être forcément rectangulaire, mais il devra, dans tous les cas, être limité par des lignes géométriques ; un cercle, une ellipse, une ligne polygonale, etc. La surface du gazon devra être aussi plane que possible. Elle sera horizontale ou inclinée, suivant que le terrain exigera l'une ou l'autre de ces deux applications. Ce gazon est ou bien complètement nu ou bien comporte des ornements divers. Ce peuvent être des statues ou des corbeilles. Dans tous les cas, ces ornements seront placés à distances égales de chaque bord et dans une situation symétrique les uns par rapport aux autres.

Autour de ce gazon règne une allée, puis viennent des plates-bantes garnies de fleurs et d'arbustes taillés. Si l'espace est suffisant, cette même disposition peut être répétée plusieurs fois avec quelques variantes.

Comme il ne nous est pas possible de prévoir tous les cas qui se peuvent présenter, nous nous contenterons d'indiquer celui dont l'application se présente le plus souvent dans la pratique.

Supposons que l'espace dont on dispose est régulier. S'il ne l'est pas, nous avons dit qu'il était possible de lui en donner apparence en l'entoutourant de plantations arbustives soumises à une taille sévère qui les limite par des lignes régulières. Suivant que le jardin est limité par des bâtiments dont on veut ménager la vue, des murs que l'on veut soustraire aux regards ou une grille qui laisse l'horizon s'étendre au loin, on plantera tout autour du jardin des arbustes à feuilles persistantes, ou bien on laissera les grilles ou les bâtiments à découvert.

Quand il s'agit de masquer les murs on peut le faire de deux façons différentes. Si l'espace dont on dispose est faible et que l'on veuille ménager la place, on se contentera de palisser sur ces murs des plantes grimpantes. Celles-ci peuvent être à feuilles persistantes, et alors le *lierre* rend de très grands services. A part la variété commune on en trouve un certain nombre d'autres variant par la forme des feuilles et aussi par la coloration qu'elles peuvent prendre : elles sont d'un vert foncé ou panachées de blanc. Le lierre doit être palissé contre les supports qu'il doit recouvrir, murs ou grilles. Quand il s'agit d'un mur, on peut le retenir au moyen de petits morceaux de drap dans lesquels on enfonce des clous, ou bien dans le cas d'une grille le rattacher à l'aide de jonc ou de liens divers. Plus tard, grâce aux crampons qu'il émet, il se maintient de lui-même contre le mur. Son entretien consiste à le tailler chaque année au sortir de l'hiver et quelquefois aussi dans le courant de l'été. Dans cette taille on se contente de supprimer tous les rameaux qui se détachent et viennent en avant, on rattache au contraire ceux dont la présence est utile pour masquer les vides.

Souvent on remplace le lierre par des arbustes sarmenteux et grimpants qui produisent des fleurs à certains moments de l'année. De ce nombre sont de nombreuses variétés de *rosiers grimpants*, de *clématite* à grandes fleurs, de *chèvrefeuille*, d'*aristoloche*. Tous ces végétaux doivent être palissés et aussi taillés. Cette opération consiste à enlever le bois mort et tous les rameaux grêles qui ne sont pas susceptibles de fleurir et de conserver, en les raccourcissant, seulement les rameaux très vigoureux.

Lorsqu'on dispose de plus de place, on peut établir devant les murs des plantations arbustives soumises à la taille. On donne, dans ce cas, la préférence aux arbustes à feuilles persistantes. Le nombre de ceux qui peuvent servir à cette sorte de plantation est très grand ; nous en citerons quelques-uns parmi les plus usités et notamment : les *ifs, thuyas, fusains, alaternes, lauriers-cerises, lauriers de Portugal, lauriers-tin, troènes, photinia,* etc. On peut, en variant la forme et la couleur des feuillages, former un tout très harmonieux qui concoure à l'ornementation du jardin.

Il n'est pas rare que sur un ou sur les deux côtés d'un tel jardin, on établisse des allées couvertes qui serviront aux jeux et à la promenade. Telles étaient les allées des anciens parcs (fig. 25).

Il est à recommander de ne pas établir ces sortes de plantations au milieu du jardin, car alors on masque la vue de la maison d'habitation et on diminue encore l'apparente dimension du jardin.

Ces sortes d'avenues sont quelquefois réduites à quelques dizaines de mètres de long comme elles peuvent aussi bien s'étendre indéfiniment. Dans tous les cas leur largeur doit être en rapport avec la longueur. Leur dimension minima en largeur doit être de trois ou quatre mètres et peut être portée à plus du double pour les longues avenues.

Les arbres qui les forment sont plantés à une distance relativement faible : de quatre à six mètres en moyenne. On les soumet à une taille annuelle qui en régularise la forme et la limite à l'extérieur par des surfaces planes. Il faut donc donner le choix à des arbustes qui s'accommodent bien de la taille. Les principaux sont : le *tilleul,* dont la variété à feuilles argentées est à beaucoup près plus recommandable pour la raison qu'il ne perd pas ses feuilles aussitôt à l'automne que les différentes espèces que l'on cultive généralement. On peut encore se servir des *platanes* et des *ormes*, des *érables* sycomores ou planes.

Le centre du jardin est invariablement occupé par des gazons. Si la surface est grande et dépasse par exemple dix mètres de côté, on peut avantageusement la diviser en plusieurs pelouses coupées par des allées.

Si la surface est suffisante, chaque pelouse est bordée de plates-bandes fleuries ; sinon la plate-bande ne suit que le contour extérieur de l'ensemble des gazons.

Une disposition qui produit un bon effet consiste à creuser chaque carré de façon à ce que la surface du gazon soit en contre-bas de la plate-bande. Après donc avoir établi la surface de la pelouse avec tous les soins qui sont indiqués au chapitre de la formation des gazons, on trace tout autour une petite allée large seulement de quelques décimètres à un mètre. Puis on établit un talus de gazon qui ramène la surface de la plate-bande un peu au-dessus de l'allée extérieure qui reste au niveau général du jardin. Après ce talus gazonné on peut ou bien établir de suite la plate-bande ou mieux refaire une petite allée.

La plate-bande devra, dans tous les cas, être bordée soit de buis, soit de gazon. Sa surface, absolument plane, peut avoir depuis un mètre de large jusqu'à deux mètres environ.

Fig. 25. — Allée couverte.

Cette plate-bande doit être, autant qu'il se peut, garnie d'une façon symétrique. On peut, soit seulement aux angles, soit de distance en distance si la plate-bande est longue, planter des arbustes à belle floraison, à feuilles persistantes. Souvent ce sont des *lilas*, des *rosiers*, des *altheas*, de différentes variétés. D'autres fois on plante des *magnolias*, des *houx* ou des *fusains* taillés en pyramides.

La garniture de fleurs qui complète l'ornementation des plates-bandes est faite par rangées successives. Les plantes qui peuvent servir à la décoration de ces parterres sont pour la plupart les mêmes que l'on utilise pour orner les jardins paysagers ; il en sera parlé plus spécialement à ce chapitre.

Certaines règles générales peuvent être énoncées à l'égard de la garniture de ces plates-bandes.

C'est ainsi qu'il faut toujours disposer vers le centre les plantes les plus hautes pour terminer la garniture par des plantes tout à fait basses.

Cette ornementation peut être très variable quant aux couleurs employées, suivant l'effet que l'on veut produire et aussi suivant les plantes dont on dispose. Autant que possible on mélange les couleurs et on obtient alors un effet bariolé, ou bien on plante les végétaux par rangées de couleurs séparées tranchant nettement les unes sur les autres.

Les allées, aussi bien que les sentiers qui séparent les gazons des plates-bandes, doivent être sablées. Afin de les maintenir constamment pro-

pres on les bine et on les passe fréquemment au
râteau.

JARDIN PAYSAGER

Tandis que dans le jardin de style géométrique
dont il vient d'être question, tout doit être prévu
et correctement aligné si l'on veut obtenir un bel
effet d'ensemble; dans le jardin paysager, au contraire, tout est laissé au goût individuel de celui
qui organise le jardin. Il y a cependant certaines
règles générales qui doivent être suivies et que
l'on ne peut transgresser sous peine d'obtenir un
ensemble qui manque d'harmonie.

Il est difficile, sinon impossible, dans un court
exposé, de prévoir les cas si divers qui peuvent
se présenter. Nous ne nous occuperons donc qu'à
peine du tracé de ces jardins, nous contentant de
prendre comme type un de ces petits jardins que
l'on trouve aux environs ou à l'intérieur des
grandes villes (fig. 26), préférant nous appesantir
davantage sur la culture des principales plantes
qui peuvent concourir à l'ornementation de tous
les jardins quels qu'en soient la forme et le dessin.

Quand il s'agit d'un petit jardin ne dépassant
pas quelques centaines de mètres, il convient d'a-
dopter une disposition telle, que l'on obtienne,
même avec un espace aussi limité, l'illusion d'un
jardin plus grand. Et suivant que l'on est entouré

par des bâtiments ou que la campagne nous environne, il faut que les plantes cachent soigneuse-
ment les murs ou ménagent des vues sur le dehors
laissant aux regards franchir les limites de la propriété et s'étendre au loin.

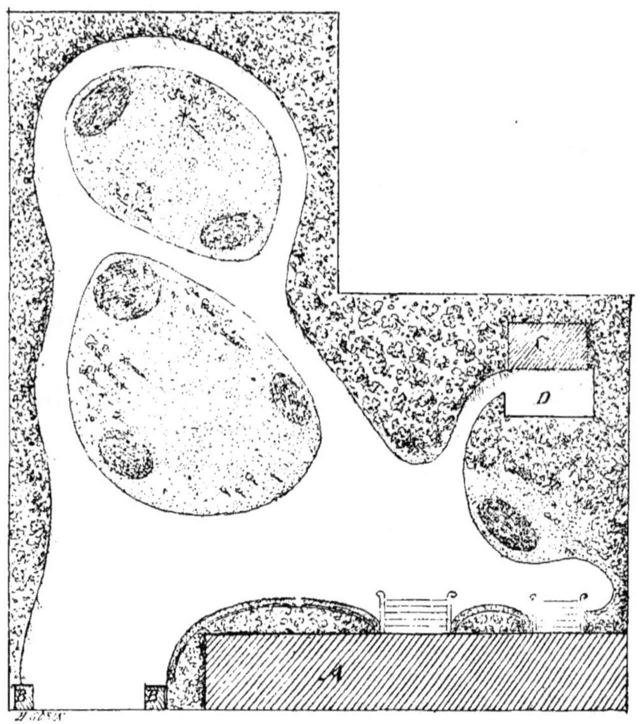

Fig. 26. — Plan d'un petit jardin de ville.

Quand on est entouré de murs et de bâtiments,
il faut forcément établir tout autour de la propriété des massifs de bois qui les masquent aussi
complètement que possible. Si, sur divers points
quelques vues peuvent être ménagées sur la campagne environnante, on laisse à ces endroits-là
des espaces libres garnis seulement d'arbustes bas

et ne masquant pas les grilles au travers desquelles
la vue s'étend au loin.

Fig. 27. — Vue d'un coin de jardin paysager.

Ces massifs de bois sont bordés d'une allée de
promenade qui en suit les contours (fig. 27); s'ils

sont larges, quelques ramifications d'allées peuvent se détacher de la principale et serpenter sous l'ombrage des arbres à travers les massifs.

Le centre de la propriété est occupé par un gazon dont la forme et la dimension varient avec celles de la propriété elle-même. Si la surface est restreinte, la pelouse est faite d'un seul tenant. Si, au contraire, elle mesure quelques ares, elle peut être coupée par des allées. Cette pelouse est ornée de massifs de bois à certains endroits, s'il est besoin d'augmenter les ombrages ou de cacher quelques défectuosités de formes. Puis, çà et là, se détachent des corbeilles et des groupes de plantes qui agrémentent le jardin (fig. 27).

LES GAZONS

Toute la partie centrale d'un jardin paysager de faible étendue, souvent aussi les côtés latéraux, dans les grands jardins, sont occupés, avons-nous dit, par des parties gazonnées. Ces gazons doivent être constamment verts et présenter un tapis uniforme.

Les contours de ces gazons, leur forme, varient suivant la disposition même du jardin; toutefois, il y a certaines règles générales auxquelles il faut toujours se conformer. C'est ainsi que leurs contours devront être aussi sobres que possible. Il faut éviter avec soin les lignes droites et aussi les courbes trop accentuées et à court rayon.

Dans un jardin paysager la surface d'un gazon

n'est jamais plane. Elle doit être creusée vers le centre et relevée en pente douce vers les bords qui sont plus hauts que le chemin avoisinant. Ce *vallonnement* du gazon est une des causes qui en augmente l'élégance. Il doit être fait avec le plus grand soin.

Les corbeilles et les groupes de plantes ou d'arbres couronnent les reliefs ; ils ne doivent donc jamais occuper le centre qui reste toujours libre.

Quand il s'agit d'établir un gazon, on commence par labourer la surface du terrain qu'il doit occuper, et l'on profite de ce labour pour enfouir l'engrais nécessaire. Après le labour, on herse et on râtelle la surface pour la rendre nette et la débarrasser des pierres et de toute autre substance dont la présence serait gênante. En même temps on tasse uniformément le sol soit à l'aide d'un rouleau, soit simplement en le foulant aux pieds ; après cette opération, on donne un nouveau coup de râteau pour rendre la surface complètement plane.

Dès avant les labours, les emplacements qui devront être occupés par les massifs et les corbeilles ont dû être tracés et ménagés.

Le bord du gazon doit être traité avec un soin particulier. A l'aide du dos du râteau on ramène un léger bandeau de terre qui arrête et limite nettement le gazon sur le bord de l'allée ; c'est ce que l'on appelle le *filet*.

Tout étant ainsi préparé, il ne reste plus qu'à semer le gazon. Ce semis doit se faire de bonne heure en saison. Le mieux est de l'effectuer en mars. Dans certains cas, on peut faire le semis à l'automne, en septembre ou octobre. La graine doit être, dans tous les cas, abondamment répandue et à raison de 2 à 3 kilogrammes par are, afin que le tapis soit vert de suite et que le sol soit rapidement et complètement couvert. Les bords doivent être semés plus drus que le reste du terrain. On fait ce semis à la volée : prenant les graines à la main on les laisse tomber sur le sol. On termine l'opération en recouvrant toute la surface semée d'une couche uniforme de bon terreau à laquelle on donne environ deux centimètres d'épaisseur.

La composition du gazon que l'on peut semer varie beaucoup suivant la nature de terrain dont on dispose, et suivant aussi que l'on se propose de plus ou moins soigner son gazon et de l'arroser. Les gazons sont souvent exclusivement composés de graminées. A l'exemple des Anglais, on y ajoute quelquefois du trèfle blanc; ces graines ne doivent pas être mélangées à celle du gazon, mais répandues séparément.

Voici la composition de certains de ces mélanges :

Terre sèche.		Terre moyenne.	
Ray-grass	3	Ray-grass	4
Paturin des prés.	2	Fétuque traçante et	
Agrostis stolonifère.	2	ovine.	2
Agrostis blanche.	1	Flouve odorante	1
Cretelle des prés.	1	Cretelle des prés.	1
Flouve odorante	1	Paturin des prés.	2
	10		10

On a conseillé quelquefois de semer des gazons composés exclusivement de ray-grass. Ils ont l'inconvénient d'être peu durables ; il faut donc donner la préférence aux mélanges sauf, toutefois, dans le cas où l'on voudrait établir un gazon temporaire qui devrait de suite produire tout l'effet désiré au risque de ne pas durer longtemps. On peut opérer ainsi si l'on veut resemer son gazon chaque année.

La mode a existé d'émailler le tapis vert du gazon de fleurs diverses s'élevant peu au-dessus de l'herbe. C'est ainsi que l'on plantait çà et là des groupes de crocus et de colchiques et que l'on semait des pâquerettes et autres fleurs des champs. Cette pratique a l'inconvénient de voir bientôt certaines plantes dominer sur le gazon et l'envahir totalement ; puis, lors de la tonte, on coupe forcément ces fleurs. On s'accorde actuellement à trouver qu'il est préférable d'avoir un tapis uniforme qui fait ressortir à leur propre valeur les fleurs des corbeilles et les groupes de plantes situés sur le gazon.

Quand le gazon est semé, qu'on l'a recouvert d'une couche mince et uniforme de terreau, il est nécessaire, si le temps est sec, de hâter la germination par des arrosages. Ceux-ci doivent être faits avec précaution pour que l'eau ne ravine pas le sol. Il est peu pratique, dans ce cas, d'arroser à l'arrosoir, car le piétinement de la pelouse, avant la levée des graines, entraîne forcément des déplacements dont se ressent la levée. Si on le peut on arrosera donc à la lance en laissant tomber l'eau en pluie fine. On s'aperçoit que le semis a besoin d'être arrosé quand on voit par place le terreau de noir, devenir gris.

Bientôt la surface verdit et si le semis a été bien fait, le tapis vert deviendra, au bout de deux ou trois semaines, complètement uniforme. Dès lors, et sans attendre que devenant trop épais les brins de gazon ne viennent à se gêner, on exécute une première tonte. Ce premier fauchage doit toujours être fait à la faulx. Si on l'exécutait à la tondeuse on risquerait d'arracher une bonne partie du gazon. L'opération du fauchage d'un jeune gazon présente une certaine difficulté matérielle; il est impossible de songer à l'exécuter soi-même, à moins que l'on en ait une grande pratique. Le plus souvent, il est préférable d'avoir recours à un faucheur de profession.

Il n'est pas rare qu'en même temps que le gazon, il lève une quantité plus ou moins grande de mauvaises herbes. Il n'y a pas à s'en inquiéter, après le premier fauchage la plupart d'entre elles disparaissent. S'il en est qui persistent, on opérera le sarclage du gazon.

Après le premier fauchage on découpe le gazon, c'est-à-dire qu'à l'aide de la bêche, on arrête nettement les bords un peu au-dessus du filet qui a été ménagé lors du semis. On obtient ainsi un contour limité par une ligne continue. On découpe de même le bord des corbeilles ou des plates-bandes.

Il ne reste plus, après ces opérations diverses, qu'à entretenir le gazon. Cet entretien consiste en arrosages et fauchages. On peut dire, d'une façon générale, que les gazons sont rarement trop arrosés, l'herbe croît d'autant mieux que l'eau lui est plus abondamment servie. Dans les jardins où l'on dispose de l'eau à volonté on peut arroser tous les jours pendant la saison chaude. On se trouve bien d'établir des tourniquets hydrauliques qui distribuent l'eau en pluie, toute la journée.

Plus un gazon est arrosé, plus il pousse et plus, par suite, il doit être fréquemment fauché. Après le premier fauchage, les coupes suivantes peuvent être pratiquées à la tondeuse. Le grand avantage de l'emploi de cet appareil, c'est de permettre à tout le monde de couper son gazon très correctement, ce qu'on ne pourrait pas faire à la faulx, à moins d'être très exercé. Les gazons bien entretenus doivent être fauchés au moins deux fois par mois; dans certains jardins on fauche même tous les huit jours.

Il y a un grand nombre de tondeuses qui fonctionnent bien, il est donc inutile d'en indiquer aucune spécialement; toutes sont bonnes pourvu que l'on sache s'en servir. L'herbe se coupe mieux quand elle est mouillée encore par la rosée du matin; c'est donc, autant que possible, ce moment de la journée que l'on choisira pour faire la tonte.

Quand l'herbe est coupée, il faut l'enlever. L'opération se fait au râteau si l'herbe est abondante; si, au contraire, le fauchage est opéré souvent on nettoie le gazon à l'aide d'un balai de bouleau.

A l'automne, la croissance se ralentit. On fait

généralement le dernier fauchage dans le courant d'octobre. Il importe dans tous les cas de ne pas laisser le gazon trop long pour l'hiver, sous peine de voir des taches de pourriture se produire et prendre bientôt une grande extension. Si l'hiver n'est pas trop rigoureux, le gazon ne souffre nullement et, de bonne heure on le voit pousser. Il est utile de lui redonner, au printemps, un peu d'engrais qui en activera le développement. On se trouve bien de recouvrir toute la surface d'une légère couche de bon terreau. Au bout de peu de jours on voit le gazon réapparaître et l'engrais disparaît totalement. On se trouve très bien encore de l'emploi de certains engrais chimiques. La composition qui nous a donné les meilleurs résultats est la suivante, pour un are :

Sulfate d'ammoniaque . . . . . . 2 kil.
Superphosphate. . . . . 4 kil.

On répand ce mélange à la volée, par un temps de pluie s'il est possible, ou avant de pratiquer l'arrosage.

Il n'est pas rare que le gazon soit envahi par la mousse. Celle-ci, si l'on n'y prend garde, gagne de proche en proche et détruit l'herbe. On se débarrasse de la mousse d'abord en pratiquant un hersage au râteau, puis en répandant du superphosphate à la volée. Les arrosages au purin produisent également un excellent effet.

Souvent, au printemps, il se produit çà et là quelques plaques dénudées qu'il importe de regarnir pour rendre au gazon son aspect uniforme.

Il peut encore arriver que l'on ait changé l'emplacement d'une corbeille et que l'on ait ainsi une certaine surface de terrain à regarnir. On arrive à ce résultat par deux procédés. Le premier consiste à resemer le gazon avec tous les soins qui ont été indiqués. Mais on obtient ainsi un tapis peu uniforme ; de plus, il faut attendre quelques semaines avant que le gazon semé n'ait regarni le terrain. Aussi préfère-t-on le plus souvent, surtout s'il s'agit de surface peu étendue, recourir au *placage*.

Le placage consiste à prélever le gazon par plaques dans un endroit sacrifié et à le transporter ainsi sur l'emplacement que l'on veut regarnir. Pour prélever ce gazon on le découpe en carrés de $0^m,30$ de côté environ et à l'aide de la bêche on lève les plaques qui ont 5 à 6 centimètres d'épaisseur. Après avoir préparé le sol qui doit les recevoir on les pose les unes à côté des autres de façon à ne laisser aucun intervalle, puis on les fixe en les frappant à l'aide d'une batte en bois ou simplement du dos de la bêche. On arrose souvent et la reprise s'opère rapidement. Si la partie à gazonner est très en pente, il est utile de maintenir la plaque à l'aide de chevilles de bois profondément enfoncées pour ne pas gêner lors du fauchage. Une pelouse peut n'être resemée que tous les trois ou quatre ans. Si elle se dégarnit, on peut, au printemps, jeter un peu de graines et recouvrir le tout de terreau.

Au moment de la chute des feuilles, à l'automne, il est utile de nettoyer souvent la surface du gazon afin d'éviter qu'il n'ait à souffrir de cette couverture.

LES ALLÉES

Le tracé des allées a une importance prépondérante dans un jardin paysager. C'est de lui en effet que dépend la forme du gazon qui est limité par les allées ainsi que celle des massifs de bois qui entourent le jardin.

On a généralement la tendance fâcheuse de donner à ces allées une courbe trop accentuée, de les rendre sinueuses sans motif, de chercher des dessins qui manquent de simplicité et de créer des complications inutiles et souvent, par suite, disgracieuses.

Une allée doit toujours avoir un but ; ses courbures ou ses changements de direction doivent donc être motivés. Il faut cependant éviter avec soin de lui donner un parcours rectiligne, mais les inflexions qu'elle prendra devront être douces et à grand rayon.

Si par suite de la disposition du terrain on se voit dans la nécessité de donner une courbure brusque à l'allée, on la motive en créant un obstacle sur le bord du gazon, au sommet de la courbe. Cet obstacle peut être de nature très diverse : ce peut être un arbre, un groupe d'arbustes, une corbeille ou une grosse pierre formant rocher émergeant du gazon.

Ce qu'il faut surtout éviter avec soin, c'est de donner aux allées des inflexions alternatives, à droite puis à gauche, car cette disposition ne s'explique pas, ne se comprend pas et choque par suite le raisonnement et le regard. Une semblable disposition ne peut être adoptée qu'à la condition que l'allée soit suffisamment longue et les courbes à rayons tels que d'un des sommets on n'aperçoive que le suivant et non une succession de courbes. On arrive à ce résultat en établissant encore des obstacles aux courbures.

Un des points qui présente une certaine difficulté d'exécution est celui de l'agencement des allées les unes par rapport aux autres.

Un premier point à établir c'est qu'une allée doit toujours avoir une largeur qui doit être proportionnée à sa longueur et à son importance. Il y a donc des allées principales et des allées secondaires. Ces dernières se détachent des principales suivant certains angles. Il importe beaucoup d'indiquer nettement dès le début d'une allée quel est le point vers lequel elle se dirige ; elle ne devra donc pas prendre une direction qu'elle abandonnera l'instant d'après pour revenir sur ses pas ou prendre une orientation différente. Cet inconvénient est toujours évité quand l'allée secondaire s'agence par rapport à la première, de façon à former avec elle une courbe continue et non un angle brusque. Le point de jonction de deux allées est toujours masqué et motivé par quelque obstacle.

La difficulté s'accroît quand on a à opérer la jonction de plusieurs allées formant carrefour ; chacune d'elles devra être tracée suivant la règle sommairement énoncée plus haut

Quelle que soit la largeur de l'allée et elle devra être toujours suffisante pour permettre à deux promeneurs au moins de passer de front, les deux rives de l'allée devront, dans tous les cas, être absolument parallèles : les contours d'un bord doivent donc être fidèlement épousés par l'autre bord. L'effet le plus disgracieux est produit par le dessin de bords non parallèles.

La surface de l'allée doit être légèrement bombée pour permettre aux eaux de s'écouler librement sur les côtés et de laisser l'aire de l'allée sec et abordable en tout temps. Pour la même raison toute allée doit toujours avoir une pente suffisante. Celle-ci doit être dans la pratique d'au moins un demi-centimètre par mètre de parcours. Il convient de tasser l'aire de l'allée pour la rendre ferme et d'un parcours facile. Pour qu'elle soit propre et que l'on ne risque pas de se salir les pieds en la traversant, on la recouvre d'une couche uniforme de sable ou mieux de gravier. Ce sable et ce gravier ont, indépendamment de l'avantage qu'ils fournissent de maintenir l'allée propre, celui d'empêcher les mauvaises herbes de croître en trop grande abondance.

Malgré le sable, quelques herbes poussent cependant çà et là; on s'en débarrasse en faisant le ratissage des allées. Cette opération est faite soit à l'aide d'une petite ratissoire que l'on tire devant soi en arrachant les herbes, soit plus commodément à l'aide de la ratissoire à pousser; elle est munie d'un long manche permettant de ne pas se baisser et par suite est d'un maniement plus facile. Certains jardiniers préfèrent se servir simplement de la bêche, l'employant comme une ratissoire à pousser. On en obtient un bon travail quand on sait s'eu servir, car on arrache mieux l'herbe.

Ce ratissage des allées, qui a une grande importance pour conserver au jardin son aspect propre et rangé, doit être fait souvent. On le pratique le plus commodément après une pluie quand le sol commence à se ressuyer. Si le sol est trop sec et durci, les herbes sont coupées et non arrachées et elles repoussent rapidement. Si l'on est dans la nécessité de ratisser par un temps sec, il est utile de commencer l'opération en répandant de l'eau dans les allées.

Quand l'allée est ratissée il faut la *tirer au râteau*, comme l'on dit dans la pratique, c'est-à-dire, enlever les mauvaises herbes et les impuretés et rendre la surface unie. Dans les jardins bien tenus on passe les allées au râteau fréquemment, tous les quelques jours, même sans ratisser préalablement. Si les herbes et les impuretés sont abondantes on les enlève d'abord au râteau pour en débarrasser l'allée, puis on passe un nouveau coup de râteau pour égaliser la surface du sable. Il faut un peu de pratique opératoire pour arriver à bien tirer au râteau et rendre la surface nette et régulière. On commence par tirer le râteau, puis on donne un coup en arrière, et agissant ainsi en plusieurs fois on arrive à répartir le gravier uniformément.

A l'automne, quand les feuilles commencent à tomber, pour qu'un jardin soit tout à fait propre, il faut tirer au râteau presque chaque jour.

Si l'on veut économiser son sable, dès la fin de l'automne, alors que l'on ne se promène plus dans le jardin, on relève le sable à la pelle et on le dispose en tas ou en un bandeau continu au milieu de l'allée, au printemps on l'étend à nouveau.

BORDURES

Dans tout jardin, les massifs, les corbeilles, les plates-bandes, doivent être bordées, c'est-à-dire limitées nettement afin d'établir une démarcation entre le terrain cultivé et l'espace réservé aux allées.

Ces bordures peuvent être faites soit en plantes vivantes, soit en matériaux inertes. Dans ce dernier cas qui est de beaucoup celui que l'on suit le plus rarement, on peut établir des bordures en tuiles plus ou moins découpées et peintes : leur emploi produit un effet assez peu agréable. On peut encore se servir d'arceaux en fonte imitant des branches que l'on aurait recourbées. Cette sorte de bordure est surtout employée dans les jardins publics où l'on tient à préserver le bord du massif ou même du gazon contre le piétinement.

Dans les petits jardins les bordures dont on obtient l'effet le plus agréable sont celles faites en végétaux de faible dimension.

Une des plantes le plus employées pour la formation de bordures, est le buis nain. Le buis aime les sols calcaires, mais il s'accommode de tout terrain et de presque toute situation ; seuls des ombrages trop épais le font périr. On en établit des bordures continues le long des espaces que l'on veut limiter.

Le buis peut être planté pendant toute la période de repos de la végétation, cependant la saison la plus favorable est le commencement de l'automne. Nous nous sommes toujours bien trouvé de faire nos plantations de bordures de buis dès la fin de septembre et dans le courant d'octobre. A ce moment de l'année la reprise se fait aisément, et il n'y a pas le moindre manque dans les bordures.

Quand il s'agit de planter, il faut d'abord préparer le buis. S'il est en grosses touffes on l'éclate par brin dont le feuillage doit présenter la grosseur des doigts réunis environ. Puis on le range par terre en mettant toutes les têtes de rameaux à la même hauteur ; enfin, mettant le pied sur le buis, à l'aide de la bêche, on coupe la base des rameaux enracinés de façon à ce que le plant entier présente une longueur d'environ $0^m,20$. Il est bon que le buis conserve un peu de racine, mais il n'y a pas lieu de se préoccuper si elles ne sont pas abondantes, car il s'en produira rapidement de nouvelles. Il faut éviter d'user d'un moyen qui consiste à égaliser les plants en les coupant à la serpe sur un billot et à trancher les rameaux à la même hauteur. S'il faut égaliser le sommet des brins on le fait en les pinçant avec les doigts ou en éclatant les touffes trop fortes.

Il faut ensuite préparer le terrain. On le laboure

d'abord à la bêche en empiétant sur l'allée d'au moins 0^m,20 ; puis on le foule pour le tasser uniformément et, au râteau, on l'égalise exactement pour pour lui donner la hauteur voulue. On trace ensuite le bord exact de la plantation que l'on veut border. Enfin on *découpe* le terrain. Cette opération consiste à enfoncer la bêche verticalement suivant la ligne de démarcation, puis, à enlever de la terre du côté de l'allée de façon à ouvrir une jauge continue.

Le terrain étant ainsi préparé il n'y a plus qu'à planter. On dépose le buis le long de la rive taillée à pic, de la jauge, on le maintient dans cette position à l'aide de la main droite et avec la gauche on fait tomber de la terre sur les racines pour maintenir le tout en place. On avance ainsi progressivement, et quand la bordure est terminée on ramène au pied du buis le reste de la terre, extraite de la jauge. On tasse ensuite la terre à l'aide des pieds, on égalise la surface avec le râteau et on laisse une petite rigole le long du buis pour y verser de l'eau d'arrosage et faciliter ainsi la reprise.

Le buis doit émerger au-dessus du sol de six à sept centimètres ; mais il croît rapidement et il devient bientôt opportun de le tailler. Cette taille se fait chaque année avant la pousse afin que les jeunes rameaux ne soient pas arrêtés dans leur développement. On taille le buis sur le dessus et sur les côtés. Cette tonte peut être faite aux cisailles ou si l'on y est exercé à l'aide d'une petite faux à main. On peut encore pincer à la main armée d'une serpette, l'opération est plus longue, mais le résultat meilleur. Au bout d'un nombre d'années variables suivant que la croissance a lieu plus ou moins vite, on est obligé de replanter le buis car il devient trop grand.

Dans certains cas assez exceptionnels on plante le buis au plantoir. Les bordures plantées de cette façon sont rarement aussi régulières que lorsqu'on les plante en jauge continue. On peut enfin planter deux rangées parallèles de buis de façon à former une bordure double dont les rangées sont séparées par un espace libre de quelques centimètres.

On peut employer de la même façon que le buis un certain nombre d'autres sous-arbrisseaux, de ce nombre sont notamment : le *thym*, la *sauge officinale*, la *santoline*, la *lavande*, etc. Presque toutes ces plantes ont l'inconvénient de croître trop vite et d'exiger une replantation fréquente.

Les bordures peuvent être faites avec des plantes vivaces naines, rampant sur le sol ou formant de petites touffes. La constitution de semblables bordures est simple, il suffit de planter au plantoir en une ou deux rangées. Les principales plantes employées dans ce cas sont les suivantes : les *violettes*, les *primevères*, certains *saxifrages*, les *aubrietia*, les *corbeilles d'or* et *d'argent*, le *slaticé*, le *lamier à feuilles panachées*, la *menthe à feuilles blanches*, les *pyrèthres*, comme plantes de pleine terre. Parmi les plantes exigeant pendant l'hiver l'abri d'une serre et ne formant par suite que des bordures temporaires : les *écheverias*, les *alternanthera*, etc.

Dans les situations très ombragées, là où nulle

autre plante ne pourrait croître, on peut faire de belles bordures de lierre. On leur donne une largeur de 0^m,30. Après avoir planté le lierrre on en couche tous les rameaux et on les retient régulièrement en place à l'aide de baguettes d'osier ployées en deux et formant fourchette. Ces bordures doivent être taillées au sécateur, car bientôt des rameaux trop longs se développent et dépassent l'alignement.

Enfin fréquemment on borde les massifs de bois ou les corbeilles d'une bande de gazon. Ce genre de border doit être toujours adopté quand la corbeille ou le massif font suite à la pelouse ; la bordure dans ce cas n'est donc que la continuation de la pelouse. Elle doit avoir une largeur d'au moins 0^m,30 et l'on peut sans inconvénient lui donner des dimensions plus grandes. Tout ce qui a été dit relativement au semis, au placage et à l'entretien du gazon s'applique exactement à ces sortes de bordures.

LES MASSIFS

On donne ce nom de massif à toute plantation d'arbres ou d'arbustes faite en masse de façon à occuper tout le terrain. C'est improprement que ce nom est quelquefois donné aux plantations de fleurs auxquelles on doit réserver celui de corbeilles.

Les massifs sont de forme et de composition extrêmement diverses, suivant l'importance du jardin et suivant aussi l'emplacement qu'ils occupent.

Quand ils sont destinés à masquer les murs, ils s'adossent complètement à ceux-ci et sont limités à leur bord extérieur par une allée. Si la dimension de ces massifs dépasse quelques ares, ils peuvent être parcourus par des allées sous bois. Si, au contraire, les massifs sont plantés sur une pelouse, destinés qu'ils sont à masquer la forme trop irrégulière de celle-ci, à limiter la vue ou à former des ombrages, on leur donne des formes régulières ou irrégulières suivant l'emplacement dont on dispose.

Toutes les fois que les massifs sont limités par une clairière telle que la pelouse principale, par exemple, on la termine par des arbustes de moins en moins hauts à mesure que l'on s'approche du bord. Le centre est occupé par des arbres de haute dimension. Fréquemment on termine le massif par plusieurs rangées de plantes fleuries, ce qui produit un bon effet dans les petits jardins. Sur les grandes pelouses, au contraire, ce sont des arbustes nains qui limitent le massif. Autrefois, on arrêtait toujours celui-ci par une ligne continue. On préfère, quand on ne fait pas de plantation de fleurs, limiter le massif non seulement par une ligne sinueuse, mais encore planter çà et là en vedette quelques arbustes sur le gazon lui-même afin que la pelouse se fonde avec le massif. Cette disposition a été préconisée par M. Laforcade, jardinier en chef de la Ville de Paris. Elle produit un excellent effet. On en trouve de fréquents exemples dans les jardins de la Ville de Paris, qui d'ailleurs peuvent être cités comme de véritables modèles à suivre.

Comme arbres que l'on peut employer pour la formation des massifs, il est assez difficile de citer des noms, car l'on peut dire que tous ceux qui forment les ombrages de nos forêts peuvent être employés. Tous sont beaux pour peu que l'on sache les grouper et les faire valoir par des oppositions de tons et de formes. Quelques règles générales peuvent être indiquées à cet égard.

Dans les petits jardins on a rarement intérêt à faire des massifs d'une seule espèce forestière; on préfère y apporter au contraire de la diversité. Il faut, dans ce cas, opposer les nuances et sur un fond sombre placer des arbres à feuillage clair, mélanger les arbres résineux tels que les *pins* et les *sapins* au feuillage sombre avec des arbres aux feuilles d'un vert clairs tels que les *saules*, certains *peupliers*. On tire encore un grand effet décoratif des arbres à floraison abondante et ornementale tels que les *marronniers*, les *robiniers*, les *paulownia*, les *faux ébéniers*, etc.

Dans les jardins où l'on est très limité par l'espace, on peut admettre quelques arbres fruitiers à haute tige, on tirera ainsi un certain revenu de ces massifs et l'effet décoratif n'aura pas à en souffrir. Du nombre des arbres que l'on peut planter ainsi, sont : les *cerisiers*, les *abricotiers*, les *pruniers* et les *pommiers*.

Il convient, dans tous les cas, de se préoccuper beaucoup de bien adapter les végétaux au sol et à la situation qu'ils doivent occuper. Trop souvent, voyant un bel arbre, on en plante de semblables chez soi, sans se préoccuper de la question de savoir si les conditions sont les mêmes et si cet arbre pourra croître dans la situation qui lui est imposée ; d'où de fréquents déboires que l'on ne doit imputer qu'à soi-même. Il ne nous est pas possible de donner ici de liste de végétaux rangés par affinités suivant les terrains qu'ils exigent, mais nous engageons vivement ceux qui ont des plantations à faire, de se renseigner exactement en prenant l'avis de personnes compétentes ou en consultant des livres spéciaux.

Après les arbres de grande dimension, les massifs doivent être plantés d'arbres plus bas et d'arbustes qui les terminent et les bordent. Ces arbustes extrêmement divers peuvent être à feuilles caduques ou à feuilles persistantes. Ces derniers sont particulièrement recherchés dans la formation des massifs des petits jardins, c'est-à-dire précisément ceux qui nous intéressent directement. Ils ont l'avantage, restant toujours verts, de donner aux jardins une parure constante et d'en rendre la vue encore agréable pendant les longs mois d'hiver.

La plupart de ces arbustes à feuilles persistantes ne donnent pas de belles floraisons, il est des exceptions cependant ; c'est pour cette raison que l'on a recours à certains arbustes à feuilles caduques. Mais la floraison de ceux-ci ne se produit ordinairement qu'à la condition de pouvoir leur fournir une somme suffisante de lumière et d'air, ce qui précisément fait souvent défaut dans les petits jardins.

Sous l'ombre des grands arbres, il est peu d'ar-

bustes qui fleurissent bien, cependant les *horten-
sias*, les *altheas*, les *rhododendrons*, se comportent
très bien dans de semblables conditions.

Le nombre des arbres à feuilles caduques que
l'on peut planter à bonne exposition et qui fournissent alors une belle floraison est considérable;
nous nous contenterons d'en citer quelques-uns,
tels sont :

Les *lilas, syringa, deutzia, forsythia, boules-de-
neige, weigelia, épines-vinette, spirées, groseillers à
fleurs, daphnés, staphyliers*, etc.

Parmi les arbres à feuilles persistantes, le plus
ordinairement employés, il faut citer :

Les *fusains* dont il existe de nombreuses variétés, les *lauriers-cerises*, la *viorme-thym*, les *photi-
niers*, les *troènes*, les *aucubas*, les *buis*, et un
grand nombre d'arbres et d'arbustes de la famille
des conifères.

Nous le répétons, dans les petits jardins, il faut
donner la préférence aux arbres à feuilles persistantes.

Quand il s'agit de créer des massifs d'arbustes
situés sur le gazon, ou bien que l'on veut obtenir
un bel effet de la bordure de grands massifs, on
se trouve bien de l'emploi de végétaux non mélangés à l'infini. On les compose alors soit d'une
seule espèce, soit de deux ou trois différentes,
combinées dans des proportions voulues. C'est
ainsi que l'on fait de beaux massifs composés
d'arbustes à feuillages colorés. On associe, par
exemple, des *prunus pizarti*, des *noisetiers à
feuilles rouges*, des *hêtres pourpres* aux feuillages

sombres avec des *érables negundo* à feuilles panachées de blanc, des *sureaux* ou des *troënes panachés* aux feuillages clairs.

Si on ne recule pas devant la dépense qu'amène
la création des massifs à terre de bruyère, on
formera des groupes superbes avec des *rhododendrons*, des *kalmias*, des *azalées de pleine terre*, des
houx, des *cratægus lalandi*.

Entre la bordure et les arbres, on réserve souvent une bande de terrain pouvant avoir de 0^m,50
à 1^m,20 et dans laquelle on plantera des fleurs.
Ces bords de massifs seront exactement traités
comme les corbeilles dont il va être question.

Quelle que soit la composition des massifs, il est
des soins généraux qui restent toujours les mêmes
et qu'il faut leur donner pour les conserver en
bon état.

La plupart des arbustes doivent être taillés. Les
uns, dans le but de réprimer une végétation trop
luxuriante et de leur redonner une forme nouvelle ; d'autres, pour conserver sans cesse de
jeunes rameaux vigoureux qui puissent bien fleurir. Cette taille peut se faire à diverses époques.
Les arbres à feuilles persistantes et tous ceux dont
les feuilles constituent le seul ornement, doivent
être taillés pendant la période du repos, c'est-à-dire
depuis l'automne jusqu'au printemps. Ceux qui fleurissent, au contraire, devront être complètement
respectés à ce moment de l'année, sous peine de
supprimer tout ou partie des fleurs. S'il est nécessaire de les tailler, on effectuera cette opération
après la floraison.

Les arbustes des massifs se développent avec une vigueur extrêmement variable, différente suivant les espèces et aussi suivant les individus. Pour avoir des massifs bien gradués, il est nécessaire à certaines périodes, tous les trois, quatre ou cinq ans, de remanier les massifs, pour maintenir le tout en harmonie et replacer les arbres à la place que leur assigne leur dimension. Pour que les arbres repoussent bien, il faut planter de bonne heure, en octobre si on peut ; on est ainsi assuré de la reprise et l'on ne perd pas de temps.

Enfin, il convient de maintenir le sol dans le meilleur état possible, pour que les végétaux qui l'occupent se développent bien. Aussi, sitôt après la taille d'hiver, laboure-t-on tous les massifs et on profite de cette opération pour débarrasser les arbustes des drageons et rejetons inutiles, ainsi que de tout bois mort qui n'aurait pas été enlevé lors de la taille.

Ces massifs, comme toute plantation, ont besoin d'être fumés pour que les arbustes qui les composent trouvent dans le sol des aliments suffisants. Cette fumure peut être faite en hiver au moment des labours, et cela, soit à l'aide des fumiers décomposés provenant de couches, soit avec des fumiers d'étable, si le sol est léger. Souvent au lieu de fumer en hiver, on répand sur le sol, au printemps, un épais paillis qui préserve les plantes de la sécheresse et sert en même temps de fumure. Ce qu'il en reste à l'hiver est enterré au moment des labours.

Les massifs dans la plupart des jardins réclament des arrosages pendant l'été; quand on peut les faire à la lance, on lave ainsi le feuillage et on le maintient constamment frais et exempt de poussière. Ce n'est que dans des sols naturellement humides que l'on peut se dispenser d'arroser.

CORBEILLES

On désigne sous ce nom toutes les plantations de fleurs groupées sur les gazons des jardins réguliers ou paysagers. Dans ces derniers, la position des corbeilles est jusqu'à un certain point déterminée. Nous avons dit qu'elles ne devront jamais occuper le centre du gazon qui doit rester libre de toute plantation. C'est donc au bord des pelouses que l'on dispose les corbeilles. Toutes doivent être à une égale distance de ce bord de façon à ce qu'il reste entre elles et l'allée une bordure uniforme de gazon ; elle ne devra pas être moindre de $0^m,30$ mais pourra avoir jusqu'à un mètre environ, et cela notàmment dans le cas de bords escarpés ou de corbeilles de très grandes dimensions.

Ces corbeilles ne doivent jamais être plates, mais bombées suffisamment pour que les plantes qui les garnissent soient étagées, sans excès cependant, afin qu'il soit possible d'arroser sans raviner le sol. Leur surélévation est réglée par leur dimension, elle est donc proportionnelle à la surface. Le mieux est de faire continuer la courbe du vallonnement par la corbeille, ce qui en détermine le relief.

Sur une pelouse de jardin paysager il importe de ne pas disposer symétriquement les corbeilles. On les place ordinairement au sommet des courbes qui limitent les gazons ; elles sont là comme le motif d'une courbe accentuée. On évite de les placer dans les parties déclives et sur le bord des courbes rentrantes. Si deux corbeilles se suivent avec un faible intervalle, ce qui d'ailleurs n'est pas une disposition à recommander, on accentue le vallonnement du gazon qui les sépare.

La forme des corbeilles ne doit, autant qu'il est possible, pas être quelconque. Dans les courbes très accentuées on est obligé quelquefois de leur donner une forme peu régulière, puisque le bord de la corbeille doit rester, autant qu'il est possible, en relation avec celui de la pelouse. C'est encore là une raison qui doit faire éviter de donner aux pelouses des contours trop sinueux. Dans tous les cas, et quelle que soit la forme de la corbeille, le côté qui regarde le centre de la pelouse doit autant qu'il est possible être convexe et non concave. La meilleure forme que l'on puisse donner à une corbeille est la forme elliptique régulière. On doit toujours tendre à s'en rapprocher le plus possible.

L'ornementation des corbeilles peut se faire de façons extrêmement diverses, mais il est un principe absolu que l'on peut poser dès l'abord et dont on ne devra jamais s'éloigner, c'est à savoir que les corbeilles doivent être garnies pendant tout le cours de l'année. Les recherches incessantes auxquelles se livrent les horticulteurs et les importateurs, ont doté la flore des jardins d'une foule de plants dont les façons de se comporter aussi bien que les époques de floraison sont si diverses, que l'on peut, pour peu que l'on s'en occupe un peu, orner ces corbeilles en toutes saisons.

Les plates-bandes d'un jardin français peuvent être plantées de toute espèce de végétaux, et ceux-ci n'ont pas toujours besoin d'être groupés avec une absolue symétrie. Il n'en est pas ainsi pour les corbeilles. Elles doivent produire un effet d'ensemble, et on n'arrive à l'obtenir qu'à la seule condition d'apporter un peu de régularité ou tout au moins de symétrie dans leur plantation. Le groupement des végétaux a été soumis à toutes espèces de variations dans l'application desquelles seul le bon goût n'a pas toujours présidé; la mode l'a souvent influencé.

Une disposition fort longtemps admise à l'exclusion de tout autre, consistait à planter les végétaux ou bien en masse uniforme, monochrome, ou bien à les ranger par lignes concentriques en variant et alternant les couleurs. Ce dernier mode de plantation est moins suivi de nos jours. Quant à celui qui consiste à faire des corbeilles d'une seule couleur, il est toujours à recommander quand il s'agit de jardins d'une grande étendue pour la formation de celles de ces corbeilles qui sont le plus éloignées de l'habitation, car dans ces conditions l'effet ne peut être obtenu que par la masse et non par les détails.

Dans les petits jardins, par conséquent, toutes les corbeilles étant placées directement sous l'œil du promeneur, doivent être faites avec quelques soins, et l'on doit donner la préférence aux combinaisons comportant plusieurs couleurs ou tout au moins plusieurs nuances.

Depuis quelques années on accorde à juste titre une très grande faveur aux corbeilles faites de plantes en mélanges. Cette disposition est d'une réalisation moins facile que celle qui consiste à planter en lignes concentriques. Elle exige pour son application un bon goût inné et une connaissance suffisante des plantes qui doivent entrer dans la combinaison.

Les plantes dont on se sert peuvent être de même espèce ou d'espèces diverses. Ainsi on peut mélanger différentes variétés de *géraniums* : des blancs et des rouges, par exemples, différentes variétés de *coleus*, etc., etc. ; ou bien des plantes d'espèces différentes. Tels, des *géraniums* à fleurs rouges avec des *calcéolaires* ou des *œillets d'Inde*, des *géraniums* à feuilles panachées avec des *agératums* et des *achirantes* au feuillage rouge.

Les plantes que l'on cultive pour la formation des corbeilles peuvent être ornementales, soit par leur floraison, soit par l'élégance ou la coloration de leur feuillage ; d'où deux catégories de plantes ornementales ; les unes sont dites, *plantes à feuillage*, les autres, *plantes à fleurs*, Il n'y a pas d'ailleurs de délimitation nette entre ces deux catégories, car certains végétaux tels que *bégonias* et *cannas* sont autant ornementaux par leur feuillage que par leurs fleurs.

C'était un principe presque absolu de ne pas

mélanger des plantes à feuillage avec des plantes à fleurs; cette pratique n'est plus suivie, et ces mélanges sont, au contraire, sans cesse pratiqués.

Quels que soient les mélanges que l'on veuille opérer, il faut toujours garder une certaine réserve et ne pas introduire des couleurs trop multiples sous peine de ne plus produire qu'un effet confus.

Les corbeilles peuvent, suivant leur position, être faites de plantes basses, ou au contraire, de végétaux plus ou moins hauts suivant qu'elles sont destinées à limiter la vue, ou au contraire, que le regard doit les franchir et s'étendre au delà. Si l'on doit dans une même corbeille employer des végétaux de tailles différentes, ce sont les plantes les plus grandes qui devront être placées au centre et leur taille ira en décroissant, à mesure que l'on se rapprochera des bords. Il faut se garder cependant de planter au milieu d'une corbeille une seule grande plante qui y forme une sorte de panache d'un effet peu agréable.

Une heureuse combinaison consiste à planter une corbeille de plantes prenant un fort développement, en conservant entre elles un espacement suffisant pour qu'elles n'arrivent pas à se toucher, puis de planter le sol d'une plante basse qui formera tapis. C'est ainsi que l'on peut planter, par exemple, dans une corbeille des *caladiums* aux grandes feuilles vertes avec un tapis de *coleus* aux feuilles rouges; des *gaura*, des *maïs* aux feuilles panachées, des *hibiscus rose du ciel* et en dessous un tapis de *tradescantia zebrina* ou d'*achiranthes*.

La distance à laquelle les plantes doivent être placées dans les corbeilles variera forcément suivant la dimension que devront prendre ces plantes, mais, en général, s'il est vrai qu'il est nuisible de placer les plantes trop près les unes des autres parce qu'elles s'étioleraient, par contre, si la distance est trop grande, l'effet se fera trop longtemps attendre.

Les plantes à grand développement, *canna*, *solanum*, *dahlia*, *anthemis*, etc., seront plantées à $0^m,60$ ou même à $0^m,80$. Pour les végétaux de moyenne grandeur, *geranium*, *ageratum*, *héliotrope*, *fuschia*, etc., $0^m,35$ à $0,40$. Enfin les petites plantes seront plus rapprochées encore, et l'on placera à $0^m,20$ ou $0^m,25$ les *pyrèthre doré*, *alternanthera*, *echeveria*, etc.

Il n'est absolument pas possible d'indiquer toutes les combinaisons si diverses auxquelles donne lieu la décoration des corbeilles. Nous devons nous borner à donner des indications générales. Cependant il est certaines plantes qui sont d'un usage tellement courant que nous ne pouvons nous dispenser de donner quelques renseignements spéciaux relatifs à leur emploi. Nous ne nous étendrons pas longuement sur la culture dont les détails nous entraineraient rapidement au delà des limites que nous nous sommes imposées.

QUELQUES MODÈLES DE DÉCORATION DE CORBEILLES

Nous avons dit qu'une des principales préoccupations de l'amateur doit être d'avoir son jardin constamment propre, rangé et garni. Le sol ne doit jamais rester inoccupé.

Nous prendrons donc pour modèle un petit jardin ne comportant qu'un nombre restreint de corbeilles. Nous rangerons celles-ci en trois types différents, et nous verrons quelle est l'ornementation qu'on leur peut assigner d'un bout à l'autre de l'année et nous indiquerons, chemin faisant, les traits principaux de la culture des plantes utilisées.

Un des types de ces corbeilles sera situé à l'*ombre*, l'autre à *mi-ombre*, la troisième en *plein soleil*.

Occupons-nous de l'ornementation de ces corbeilles pour le printemps. Il est bon nombre de plantes qui peuvent servir à former pour ce moment de très belles corbeilles. Parmi les principales, nous citerons les *pensées*, les *giroflées*, les *myosotis*, les *silènes*, toutes plantes cultivées comme annuelles. D'autre part, on peut encore obtenir de beaux effets avec un certain nombre de plantes vivaces, telles sont : les *primevère*, *corbeille d'argent*, *corbeille d'or*, *saxifrage à feuilles épaisses*, *aubrietia*, *pâquerette*, *tulipe*.

Les corbeilles d'ombre pourront être plantées en *myosotis*, en *saxifrages* et aussi à la rigueur en *silènes* et en *primevères*, lesquelles serviront mieux à former les corbeilles à demi-ombre. On plantera en plein soleil les *pensées*, *giroflées*, *corbeilles d'or* et *d'argent*, les *tulipes*.

Ces corbeilles de printemps pourront être faites toutes avec une seule et même plante ou bien on les combinera. Ainsi on pourra planter au centre des *giroflées* (fig. 28) et autour des *primevères* ou des *silènes*. Ou encore on aura de belles corbeilles, en mélangeant régulièrement des *silènes* et des *myosotis*. Quand on ne recule pas devant la dépense souvent élevée, on obtiendra de très belles cor-

Fig. 28. — Giroflée brune.

beilles en plantant des bulbes de *tulipes*, soit tous de la même variété, ou mieux en combinant le rouge au blanc par exemple. Il ne faut cultiver que les variétés hâtives capables de donner une floraison tout à fait printanière.

On plante le plus habituellement ces corbeilles dès la fin de l'automne, alors que les gelées hâtives ont détruit toute floraison ; mais souvent si l'hiver est rigoureux ces plantes peuvent souffrir dans une certaine mesure du froid, et il est utile de réserver un peu de plant pour regarnir les corbeilles où il se serait produit des manques. Il faut songer dès longtemps à l'avance à préparer les plantes annuelles qui doivent servir à garnir les corbeilles. Ainsi, les *giroflées* doivent être semées dès le mois de juin, puis repiquées plusieurs fois en pépinière, successivement pour former de belles plantes trapues. On en cultive des variétés dites brunes à cause de la couleur foncée de leurs fleurs, lie de vin ou jaune clair.

Les *pensées* se sèment en juillet et au commencement d'août. Semées plus tôt, elles végètent trop vite, fleurissent dès l'automne et souffrent pendant l'hiver; semées plus tard elles ne donnent qu'une floraison trop tardive. Il est indispensable de les repiquer dès que les premières feuilles commencent à pousser; il faut leur donner un sol abondamment muni de terreau et les arroser fréquemment. Conservées sous châssis et plantées seulement en février ou mars, elles donnent une floraison plus abondante au début, plus hâtive. On récolte les graines sur les premières fleurs les plus belles.

On cultive un grand nombre de types de pensées; les unes sont à grandes fleurs (fig. 29) très belles, vues de près, d'autres ont des fleurs moins belles mais de coloris plus vif; c'est ainsi que dans cette dernière catégorie se rangent des races de pensées à fleurs uniformément bleues, jaunes, blanches ou noires; on cultive de même une race dite demi-deuil, d'un bleu foncé sur les pétales antérieurs, tandis que les deux postérieurs sont clair passant au blanc. Les races à grandes fleurs et à cinq macules sont généralement plus recherchées que les précédentes ; elles offrent plus de variations dans la couleur. Dans la récolte des graines, il faut craindre le métissage et isoler, dès le début de la

Fig. 29. — Pensée à grande fleur.

floraison en les plantant à part, les pieds destinés à porter graines.

Les *silènes* (fig. 30) et les *myosotis* peuvent être semés plus tard : août et septembre. On repique en pépinière et on met en place à l'automne quand les corbeilles sont libres. On cultive des variétés de myosotis à fleur bleue, blanche ou rose. Les silènes ont, par la culture, fourni des formes à rameaux d'un rouge foncé et des fleurs plus ou moins colorées.

Toutes ces plantes peuvent, sans inconvénient, être plantées seulement à la fin de l'hiver, en février ou mars, la floraison n'en est pas retardée ;

mais il n'en est pas ainsi des plantes vivaces qui
doivent, pour bien fleurir, être plantées dès l'automne. La culture de toutes ces plantes est analogue. Quand la floraison printannière est passée,
on arrache ces plantes et on les replante dans le

Fig. 30. — Silène rose.

potager. On en profite pour diviser les touffes, s'il
y a lieu. Elles attendront ainsi le moment où on
les replantera à nouveau dans les corbeilles.

Les *pâquerettes* (fig. 31) sont traitées quelquefois
comme plantes vivaces et divisées lors de l'arrachage, mais bon nombre des vieux pieds périssent
pendant l'hiver. Aussi propose-t-on de semer chaque
année à nouveau, se réservant de conserver seu-

lement les variétés à grandes fleurs. Dans tous les cas, il est à recommander de ne pas planter les pâquerettes dans les corbeilles situées sur le gazon, et la raison en est dans ce que ces plantes se sèment d'elles-mêmes et envahissent la pelouse au point qu'il devient difficile de l'en débarrasser.

Fig. 31. — Pâquerette à grande fleur.

Quand on veut faire des corbeilles de *tulipes*, lesquelles produisent un très bel effet, on plante à l'automne en espaçant les bulbes de 0ᵐ,15 environ et après la floraison au printemps, on laisse les feuilles se flétrir avant que d'arracher les bulbes que l'on peut conserver sous un hangar jusqu'au moment de la replantation.

La décoration des corbeilles pendant l'été est surtout obtenue à l'aide de plantes que l'on est obligé d'abriter pendant l'hiver dans des serres.

Pour les corbeilles situées en plein soleil, les *géraniums* (fig. 32) conviennent très bien, et comme

Fig. 32. — Géraniums de diverses variétés.

on en possède un nombre considérable de variétés on peut multiplier à l'infini les effets que l'on en veut obtenir.

Parmi les variétés les plus à recommander, citons :

Rouge

Géranium Paul-Louis Courier.
—   *Paul Néron.*
—   *M. Lechartier.*
—   *Etincelle.*

Rose

Géranium Madame Thibaut.
—   *Nilson.*
—   *Jules Grévy.*

Rose saumoné

Géranium Secrétaire Cusin.
—   *Gloire de Corbegny.*

Blanc

Géranium Avalanche.
—   *Comtesse des Cars.*

Variété à feuille panachée de blanc

Géranium Bijou.
—   *Madame Salrey.*

Leur culture est facile. On les multiplie de boutures que l'on fait en août, à l'air libre et que l'on rempote quand elles sont enracinées pour les conserver dans une serre à peine chauffée. On peut aussi rentrer les vieux pieds à l'automne en ayant soin d'en rabattre les branches. En février et mars on pourra couper des boutures dessus, elles s'enracineront rapidement sur couche et fourniront encore de bonnes plantes de garniture pour

Fig. 33. — Ageratum du Mexique.

le mois de mai. Les variétés à feuillages panachés sont toutes délicates, il leur faut, en hiver, une serre chauffée pour arriver à les bien conserver. C'est une erreur de croire qu'en ne les arrosant pas, ils se conservent mieux.

On peut encore planter au soleil : les *coleus*, *achiranthes*, *héliotropes*, *ageratum* (fig. 33), *anthemis*, *calccolaires*, *cuphea*, *gazania*, *gaura*, *nierimbergia*.

A mi-ombre et à l'ombre, on se sert avec grand succès d'une foule de bégonias tels que : *bégonia semperflorens*, *ascotiensis*, *castaneifolia*, *discolor*, *weltoniensis*, *rex*, *ricinifolia* et quelques autres. On peut encore utiliser les *fuschia*, *impatiens sultani*, etc.

Les *bégonias bulbeux* (fig. 34) aux grandes fleurs de couleurs éclatantes, peuvent même être cultivés au soleil. Leur floraison se produisant surtout à l'automne, on les réserve souvent pour remplacer, dès le mois d'août, les corbeilles de *géraniums* qui, dès ce moment, fleurissent mal et se dénudent.

La plupart des plantes employées se bouturent avec la plus grande facilité. Les uns, comme les *coleus* exigent l'abri de la serre chaude, les autres se contentent de la serre froide. Ces plantes peuvent être multipliées à deux époques de l'année. Dans les maisons bourgeoises, on préfère généralement faire les boutures en septembre, puis conserver les jeunes plantes en godets, pendant l'hiver. Ce procédé n'est jamais suivi par les horticulteurs car il présente l'inconvénient d'exiger beaucoup de place. Ils préfèrent rentrer des vieux pieds ou des boutures faites de bonne heure, puis couper dessus des jeunes boutures dans le courant de l'hiver. Ces jeunes plantes sont, au printemps, aussi belles que les boutures faites à l'automne.

Les plantes qui ont des rhyzomes ou des bulbes

se cultivent avec la plus grande facilité. Dans ce cas, sont les *bégonias bulbeur, discolor, simper- florens*. On les arrache alors que les gelées ont flétri les rameaux, on les range sous une bâche de

Fig. 34. — Bégonia bulbeux.

la serre et, au printemps, on les rempote et on les fait repousser sur couches. Ce même mode de culture est applicable aux *cannas* (fig. 35) et aux *dahlias* (fig. 36).

Certaines plantes annuelles peuvent aussi être cultivées pour l'ornementation des corbeilles pendant l'été, mais leur floraison est de courte durée.

Les *reines-marguerites* et les *zinias* semés au printemps, puis élevés dans le potager peuvent servir à faire de belles corbeilles d'automne. On

Fig. 35. — Cannas ou dalines de l'Inde.

les peut transplanter même alors qu'ils sont en fleur.

Le *rosier* est une plante que chacun, à juste

titre d'ailleurs, veut cultiver dans son jardin. Le but que l'on se propose peut être variable : ou bien l'on désire avoir une collection plus ou moins complète de toutes les variétés les plus belles et

Fig. 36. — Dahlias de variétés diverses.

elles sont nombreuses, ou bien on en veut tirer le meilleur effet décoratif qu'il sera possible d'en obtenir.

Dans le premier cas, le mieux est de conserver aux *rosiers* une plate-blande spéciale. Dans le second, on les plante en corbeilles et on peut alors leur associer d'autres cultures. Dans ces conditions il ne faut choisir que des variétés à grand effet et dont la floraison ait de la durée. Les *roses thé* sont celles qui fleurissent le plus longtemps; il en est de toutes les nuances.

Les rosiers sont souvent greffés sur tiges de un mètre environ de haut; on en fait alors des corbeilles dont on recouvre le sol d'un tapis de plantes diverses. Quand les rosiers sont greffés près du sol ou qu'ils proviennent de boutures, on peut les planter entre les rosiers à tiges on en faire des corbeilles spéciales.

On compte par centaines les bonnes variétés de roses. On en trouve la liste dans les catalogues des maisons spéciales.

Il est indispensable de tailler les rosiers. L'opération consiste à enlever le menu bois, puis à couper les pousses vigoureuses à 0,^{m}15 ou 0,^{m}20. Il faut s'arranger pour donner à l'ensemble de la plante une forme régulière.

Quand les gelées d'automne ont détruit toutes les plantes, d'autres préparées à l'avance doivent venir les remplacer. Parmi ces plantes à floraison très tardive, il faut citer notamment les *asters* et les *chrysanthèmes* (fig. 37).

Les chrysanthèmes sont les plus belles fleurs que l'on puisse cultiver pour l'automne. La diversité de leur forme et de leur coloris permet d'en faire de nombreuses corbeilles sans que l'on s'en puisse lasser. Les faibles gelées de l'automne ne les empêchent pas de fleurir, mais les grands froids de l'hiver les détruisent souvent complètement.

Nous conseillons de leur appliquer la culture suivante dont nous obtenons les meilleurs résultats :

A l'automne, après la floraison, on coupe les rameaux aériens et on rentre les vieux pieds sous un châssis. Dès qu'au printemps les pousses commencent à se développer, on les détache du

Fig. 37. — Chrysanthème de l'Inde.

pied-mère et on en fait des boutures qui repoussent avec la plus grande facilité d'autant qu'elles sont déjà souvent pourvues de racines quand on les sépare de la touffe. Celles-ci sont rempotées ou mises directement en pleine terre, en planche, dans le potager, et les vieux pieds devenus inutiles sont jetés. On pince les chrysanthèmes deux ou trois fois, mais les derniers pincements doivent être faits au plus tard fin-juin. L'on a ainsi pour l'automne de belles plantes dont on fait des corbeilles produisant un grand effet. On peut aussi rempoter à l'automne un certain nombre de pieds, les rentrer en serre et s'en servir pour orner les appartements.

Pour l'hiver, il est peu de plantes dont on ·

Fig. 38. — Hellébore, rose de Noël.

puisse se servir et qui fournissent un bel effet ormental, aussi le plus souvent plante-t-on, dès après l'arrachage des chrysanthèmes, les végétaux qui doivent fleurir au printemps. Cependant on peut recommander l'emploi des *roses de Noël* (fig. 38) pour la formation de corbeilles qui se couvriront de fleurs en décembre et janvier. Quand la floraison est passée, on arrache les plantes et on les met en pot que l'on enterre dans une planche; la transplantation à racine nues ne se fait pas sans que les plantes en souffrent. Dans ces dernières années, on a produit un très grand nombre de variétés de ces hellebores qui sont toutes charmantes.

On cultive aussi quelquefois, pour en faire des corbeilles d'hiver, des *choux* à feuillage ornemental. Il en est de toutes les couleurs, passant du vert clair au violet foncé et du rouge au blanc; on en peut obtenir de très belles garnitures qui se maintiennent bien pour peu qu'il ne gèle pas trop fort.

PLANTES ISOLÉES — GROUPES

Si les jardins paysagers étaient simplement garnis de massifs et de corbeilles, les espaces qui séparent ces plantations paraîtraient vides et produiraient une impression peu agréable. Pour compléter l'ornementation de la pelouse, on plante çà et là des plantes soit isolées, soit groupées en petit nombre.

Les végétaux que l'on plante ainsi doivent, dans tous les cas, être irréprochables pour la raison qu'ils attirent forcément les regards. Les places qu'occuperont ces végétaux ne sont pas quelconques. Nous avons déjà dit que, dans tous les cas, toute la partie centrale du gazon doit être respectée et laissée libre; cette recommandation s'applique aussi bien aux végétaux isolés qu'à tout autre motif d'ornement. C'est donc sur les parties déclives et sur les bords que l'on fera les plantations des groupes et plantes isolées; on peut encore les placer devant les grands massifs de bois.

Ces plantations doivent couronner des reliefs afin de produire tout l'effet voulu ; aussi faut-il prévoir, dès lors de la formation des pelouses, quelles sont les places qu'on leur veut assigner afin de les surélever légèrement et de former ainsi un léger mamelon. Ces plantations ne doivent donc pas être faites dans les petites vallées qui séparent deux corbeilles ou deux massifs, lesquelles restent libres et permettent aux regards d'aller au delà.

Ces motifs d'ornements peuvent n'être formés que d'un seul végétal ou bien se composer de groupes. Le nombre de ces plantes réunies peut être quelconque, cependant on préfère les mettre en nombre impair. C'est qu'en effet, il faut éviter toute régularité dans ce groupement et n'imiter que ce que l'on voit dans la nature. On peut, sans inconvénient, mettre deux végétaux seulement, mais à la condition qu'ils soient dissemblables. Ainsi une touffe pourra appuyer un arbre à tige sans qu'il soit besoin d'y rien ajouter. Souvent on met trois plantes ensemble; il ne les faut pas planter régulièrement, en pied de marmite, mais rompre, au contraire, la symétrie en les éloignant irrégulièrement. On peut de même planter cinq ou sept végétaux, mais toujours en évitant la régularité.

Les végétaux que l'on utilise ainsi sont divers.

Souvent ce sont des arbustes, des arbres mêmes qui restent à demeure aux emplacements qu'ils

Fig. 39. — Sapin de Nordmann.

occupent. Ainsi l'on peut planter un groupe de *hêtre pourpre*, d'*érable à feuilles panachées*, de *sureau*, d'*aubépine* ou bien des conifères, tels

que : *thuia, genévrier, sapin* (fig. 39), *pin, cyprès,
cryptomeria, chamecyparis, retinospora, cèdre*
(fig. 40), etc., etc.

Fig. 40. — Cèdre du Liban.

Ce peuvent être des touffes de *bambou, d'arundo*
ou bien des *gynerium* aux beaux panaches blancs,
des *pivoines en arbre*, etc.

Ce peuvent être encore des plantes herbacées, telles que *tritoma*, *digitale*, *canna*, etc.

Souvent ce sont des végétaux de serre que l'on

Fig. 41. — Bananier.

ne met là que pour la belle saison et que l'on enlève à l'automne. A ce titre on peut se servir de *palmiers*, de *fougères arborescentes*, de *dracæna*, etc.

Une de ces plantes mérite une mention spéciale. C'est le *grand bananier* (*Musa ensete*) (fig. 41). C'est une plante superbe. On l'obtient de semis, mais la première année, elle ne produit qu'un faible effet; il est donc préférable de se servir de plantes plus âgées. On les plante à la fin de mai. Il est utile d'ouvrir, à la place où un bananier doit être planté, un trou dans lequel on mettra deux ou trois brouettées de fumier. A la condition de ne pas ménager les arrosages, la plante prend un développement considérable; ses feuilles peuvent atteindre jusqu'à 1^m,50 et 2 mètres de long. Avant les gelées on cerne la plante, c'est-à-dire qu'à l'aide de la bêche on coupe les racines à environ 0^m,30 du pied et on laisse la plante en place jusqu'au moment où les froids étant à craindre, il faut la mettre en caisse et la rentrer en serre froide. On lui coupe alors une bonne partie des feuilles, car la plante serait trop embarrassante. A la condition de cerner la plante préalablement, elle reprend bien et se conserve aisément jusqu'au printemps suivant. On peut ainsi la replanter plusieurs années de suite.

ROCAILLES ET COURS D'EAU

Il faut, dans un petit jardin, être extrêmement sobre à l'égard de l'emploi des rocailles et cours d'eau. Dans les trop petits jardins, ils ne sont pas suffisamment motivés et l'effet produit est facilement mesquin et par suite peu agréable. Que si, au contraire, la pelouse a quelques ares en surface, un petit ruisseau découlant de rocailles produira un agréable effet. Il devra, dans ce cas, suivre le fond du vallonnement et serpenter en courbes peu accentuées.

On borde ses rives de poches dans lesquelles on plante des végétaux aquatiques. Quelques plantes peuvent aussi être plantées au milieu de l'eau. De ce nombre sont les *nénuphars*, les *massettes*, les *fléchières*, etc.

Les roches seront de forme simple ; on les ornera de plantes et d'arbustes. On les construit le plus souvent en meulières ou en ciment imitant la roche.

PLANTES D'APPARTEMENT

De tout temps, on s'est plu à élever, près de soi, dans ses appartements quelques végétaux qui forment l'ornement le plus beau, le plus frais que l'on puisse donner aux demeures.

Cependant ces plantes ne vivent que difficilement, et on se plaint de ce qu'elles périssent trop vite. Quelques conseils ne seront donc pas inutiles à l'égard des soins qu'il convient de donner aux plantes d'appartement.

Et d'abord, il faut bien établir ce fait que les végétaux que nous gardons dans les appartements, n'y vivent que d'une vie factice. A de rares exceptions près, elles s'y conservent un certain temps, mais elles n'y poussent pas, ne s'y développent pas, dans la propre acception du mot.

Tout végétal a besoin pour croître d'avoir à sa disposition une somme suffisante d'air, d'humidité, de chaleur et de lumière. Ces éléments manquent toujours plus ou moins aux plantes d'appartement. L'air est confiné, limité, insuffisamment renouvelé et, de plus, il est sec et dépourvu de cette vapeur d'eau si indispensable à l'accroissement des plantes. La chaleur est le plus souvent donnée avec irrégularité; dans les salons, elle est excessive à certains jours et passe d'un point très élevé à un degré trop bas. Enfin, une des causes principales de mortalité est le manque de lumière. Les plantes ne fonctionnent qu'autant que la lumière leur est abondamment prodiguée, et quand celle-ci fait défaut, chez la plupart d'entre elles les phénomènes biologiques ne s'accomplissent plus; les feuilles cessent de fonctionner, la plante s'étiole. Elle ne vit plus que sur la réserve alimentaire qu'elle a pu préalablement emmagasiner; quand celle-ci est épuisée elle périt forcément.

Il importe donc beaucoup, si on veut faire vivre les plantes dans les appartements, de leur donner une somme de lumière suffisante. Mais les plantes sont faites pour orner, dira-t-on, non sans quelque raison. C'est donc un compte à faire, de savoir si on préfère les placer là où elles sont le plus décoratives ou si on veut les voir vivre et pousser en les installant devant une fenêtre.

La question de l'arrosage est très importante. Le plus souvent les plantes sont, à cet égard, fort maltraitées, on les arrose ou trop ou pas assez et, la raison en est dans ce que l'on arrose sur place, dans le salon, sur le meuble qu'elles ornent. Et alors, ou bien on verse à peine d'eau afin que celle-ci ne s'écoule pas sous le pot et ne vienne pas abîmer le meuble, ou bien la plante est placée dans une jardinière parfaitement étanche où le surplus de l'eau, que l'on donne alors sans mesure, séjourne et détermine à brève échéance, la pourriture des racines et la mort de la plante.

Le seul moyen utile d'arroser les plantes est de les sortir quand le moment est venu de pratiquer l'arrosage, et de verser alors suffisamment d'eau pour que le surplus puisse librement s'écouler par l'orifice inférieur du vase.

On demande souvent aux gens qui s'occupent de culture : quand, tous les combien il faut arroser telle ou telle plante? Il est impossible de répondre à une telle question. Il ne faut pas arroser la plante à date fixe, mais seulement alors que le besoin s'en fait sentir, c'est-à-dire quand la terre du pot commence à sécher et avant que la plante ne commence à souffrir, ce qui se manifeste par la flétrissure de ses feuilles. Cette flétrissure, bien qu'elle disparaisse par l'arrosage, est cependant nuisible à la plante ; elle est le signe que les racines souffrent, et si elle vient à se renouveler trop souvent la plante ne tarde pas à périr.

L'air dans lequel vivent les plantes d'appartement est généralement trop sec, de plus, il est chargé de poussière, qui en se déposant sur les feuilles en entrave le bon fonctionnement. Il est utile de temps à autre de laver la plante pour la débarrasser de ces poussières et faire bénéficier ses feuilles d'un peu d'humidité. Pour toutes les plantes à feuilles lisses ce lavage peut se faire à l'aide d'une éponge ou d'un linge mouillé. Quand il s'agit, au contraire, de végétaux à feuilles très ténues ou plus ou moins duveteuses, il faut les laver à grande eau à l'aide d'un arrosoir à pomme.

Le choix des plantes a une importance capitale. Il est clair que si l'on ne recherche qu'une satisfaction que l'on veut à tout prix contenter, tout conseil devient inutile : la plante vivra ce qu'elle pourra ; mais que si on désire avoir des plantes qui durent longtemps, si l'on veut agir d'une façon pratique, et aussi, disons-le, économique, il faudra apporter la plus grande attention au choix des végétaux.

A cet égard, on peut dire d'une façon générale que les végétaux qui, toute chose égale d'ailleurs, résistent le mieux, sont ceux de serre froide. Ainsi beaucoup de palmiers sont employés à l'ornementation des appartements. Eh bien, les uns, comme *le palmier nain* (*Chamerops humilis*), le *palmier élevé* (*Chamerops excelsa*) le *kentia* (fig. 42) résistent bien, car ils sont de serre froide; au contraire, les *latania*, les *aréca*, plantes de serre tempérée ou chaude, ne durent que peu de temps.

Certaines plantes à feuillage, peu nombreuses malheureusement, s'accommodent absolument de la culture en appartement. De ce nombre, sont les *Aspidistra* (fig. 43). C'est la plante-type pour la décoration des demeures. Elle s'accommode de

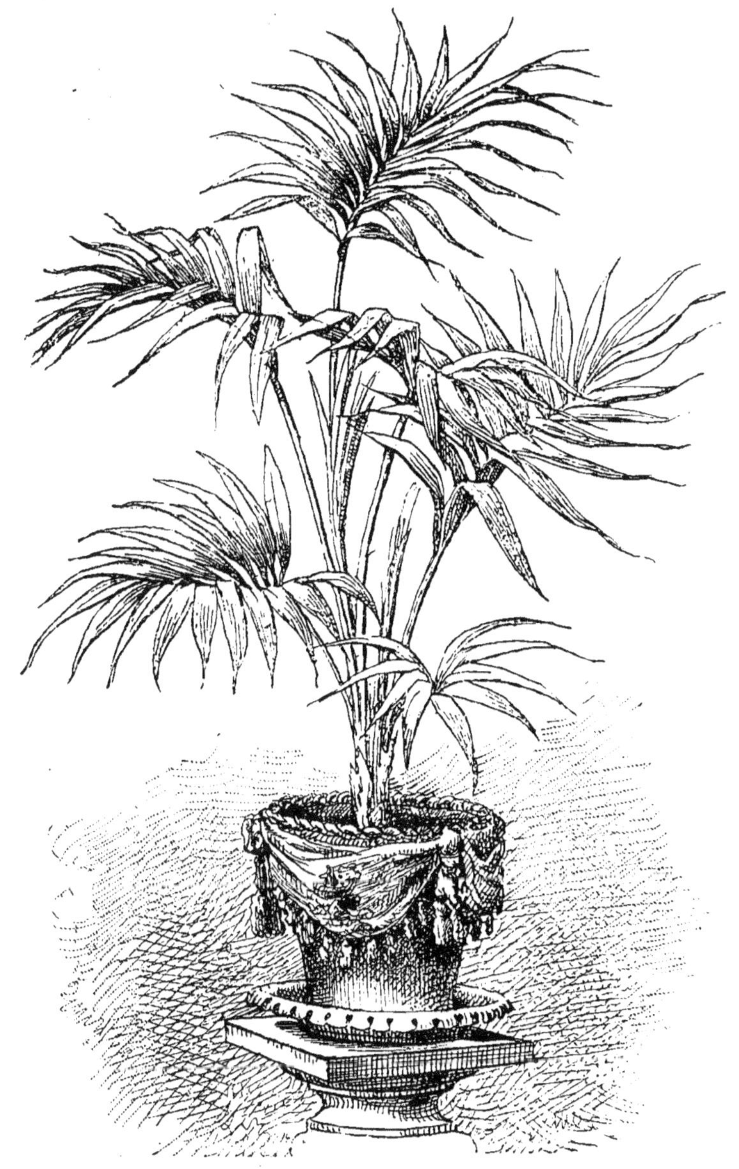

Fig. 42. — Kentia en jardinière.

toute situation et non seulement se maintient en
bon état, mais prospère et s'accroît.

Il convient encore de citer les *clivia* ou *hyman-*

Fig. 43. — Aspidistra.

tophyllum (fig. 44), ces belles *amaryllidées* aux
feuilles droites et vertes, aux grandes fleurs d'un

beau rouge orangé. Elle résiste très bien et re-
fleurit chaque printemps pour peu qu'on lui donne
quelques soins.

Fig. 44. — Clivia ou hymantophyllum.

On cultive beaucoup encore les *araucarias* (fig. 45),
ces arbustes aux branches disposées en étages régu-

liers. Ce sont des plantes qui sont assez résistantes quand on leur donne suffisamment de lumière. On en peut dire autant du *phormium*. Par contre, les *aralias*, les *dracænas*, résistent assez mal. On cultive beaucoup aussi les *caoutchoucs* qui s'accommodent bien de la vie en appartement.

Quand il s'agit d'avoir des plantes fleuries il n'est pas d'autre moyen que de les transporter de la serre ou du jardin dans le salon, où elles n'auront jamais qu'une durée relativement éphémère. Toutes les plantes fleuries peuvent convenir; il en est qui sont plus résistantes les unes que les autres. Ainsi, au printemps, toutes les plantes bulbeuses : *narcisses*, *jacinthes*, *crocus*, etc.; puis, les *cinéraires*, les *rhododendrons* forcés, les *azalées de l'Inde*, les *cyclamens* résistent longtemps. A l'automne, les *chrysanthèmes*, ces superbes plantes au coloris si varié et à la forme si élégante forment le plus bel ornement du salon où elles résistent pendant plusieurs semaines.

Nous avons cité les plantes bulbeuses, la culture de la plupart d'entre elles, faite sur des carafes remplies d'eau ou dans des petits vases en porcelaine dans lesquels on met de la mousse hachée, maintenue constamment humide, donne la plus grande satisfaction.

Il les faut planter de bonne heure, dès l'automne, si l'on veut obtenir une belle floraison. Puis il importe de ne les point forcer, c'est-à-dire de les laisser d'abord dans un endroit peu chaud où les racines auront le temps de se bien développer avant que la plante ne se mette en végétation.

Si l'inverse arrive, si les feuilles et le bouton se

Fig. 45. — Araucaria élevé.

montrent avant que les racines ne se soient développées, la floraison s'opérera mal, car elle se fera

tout entière aux dépens du bulbe et des provisions
qui y sont accumulées mais qui s'épuiseront vite.

Enfin, les fleurs coupées concourent, elles aussi,
et pour une large part à l'ornementation des habi-
tations. Les bouquets constituent l'ornement le
plus gracieux que l'on puisse imaginer.

Anciennement l'on faisait des bouquets montés,
c'est-à-dire que chaque fleur était supportée par des
fils de fer, afin de se ployer aux exigences de la
mode du temps qui voulait que ces bouquets fussent
symétriques, réguliers et bien plats. Ces sortes de
bouquets ont fort heureusement pour l'honneur du
bon goût, disparu en grande partie du moins, on
ne les retrouve plus que chez les faiseurs sans
talent. On préfère de nos jours faire de ces élégantes gerbes où les fleurs se détachent les unes
des autres, où chacune d'elles ressort à sa juste
valeur.

Ces gerbes admettent dans leur composition
toutes les fleurs; toutes sont belles en effet, pour
peu qu'on les sache utiliser. On en peut faire avec
un mélange de fleurs de toutes sortes et de
toutes couleurs, ou bien au contraire, on n'y
admet que toutes les variétés d'une même espèce
de plantes. Ainsi une gerbe faite exclusivement de
roses ou de *chrysantèmes*, par exemple, peut produire le plus gracieux effet.

Ce peuvent être aussi de grandes gerbées que
l'on place, sur une cheminée, devant une glace,
sur une console ou un meuble quelconque. Ou
bien ce sont de petits bouquets composés de quelques fleurs de choix : *roses* ou *orchidées*, par exem-

ple, que l'on entremèle de quelques feuilles de *capillaires* qui les accompagnent de leur fraîche et légère verdure, et l'on met ces petits bouquets près de soi, sur sa table de travail, près du livre en lecture.

Rien ne donne plus de vie et de fraîcheur, rien n'est un signe plus évident de bon goût et d'élégance que ces bouquets placés çà et là, et entretenus constamment en état de fraîcheur.

Fig. 46. — Jardinière ornée.

TROISIÈME PARTIE

CULTURE POTAGÈRE

C'est l'ambition de presque tout propriétaire de jardin de ne pas borner sa culture à la production de fleurs. Il songe aussi à obtenir quelques légumes qui, venus sous ses yeux par ses soins, acquerreront une valeur et des qualités inappréciables. Et de fait, il est fort agréable d'avoir sous la main quelques légumes vraiment frais qui, par cette seule raison, ont une saveur particulièrement agréable.

Mais le plus souvent l'emplacement et les moyens dont on dispose sont limités et limitées aussi doivent être les prétentions.

Si le jardin potager est de petite dimension, mais que l'on ait à dépenser une activité de tous les instants et que l'on ne marchande pas sa peine, ce qu'il y aura de mieux à faire, ce sera de s'adonner spécialement à la culture forcée, sous verre ; on en obtiendra toute satisfaction et tout bénéfice, car les légumes produits auront une valeur réelle et l'on sera vraiment heureux quand on pourra montrer, donner, ou plus égoïste, consommer quelques beaux légumes avant que la saison n'en soit venue.

Mais que si, au contraire, le terrain dont on dispose, relativement vaste, occupe quelques ares, il deviendra plus pratique d'en consacrer une bonne partie à quelque culture facile et de reporter, dès lors, toute son attention sur une partie seulement où l'on conduira avec soin des cultures délicates.

Le jardin potager est en même temps le jardin de travail, d'éducation ; c'est là que l'on élève les plantes, lesquelles repiquées en planches ne seront transplantées dans le jardin d'agrément qu'au moment de leur développement total : telles les *reines-marguerites*, les *chrysanthèmes*, etc.

Mais quelle que soit la destinée du jardin potager et que la culture que l'on y veuille faire soit simple ou compliquée, il est certaines notions générales relatives à son établissement qu'il faut indispensablement connaître. Elles peuvent se résumer en peu de mots.

Le jardin potager doit être situé à exposition chaude ; l'air doit y circuler librement ; l'eau n'y doit pas faire défaut. Expliquons-nous :

Presque tous les légumes réclament pour se bien développer d'être soumis à une insolation directe, d'où cette nécessité d'une bonne exposition. Ce n'est qu'à ce compte, d'ailleurs, que l'on obtiendra des légumes hâtifs ; la culture sous verre ne donnera que de faibles produits si le soleil fait défaut. La nécessité de donner aux plantes potagères une complète aération est comme le corollaire de la première exigence. Elle conduit au bannissement rigoureux de toute plantation arbustive dans le potager. Aucun arbre, sans exception pour les arbres fruitiers, ne doit être cultivé dans le potager. Nous n'admettrons qu'une seule exception, faite en faveur des arbres d'espaliers. Ceux-là ne nuisent pas et permettent d'utiliser la surface des murs. Mais les contre-espaliers, et à plus forte raison les arbres à tiges ne doivent jamais être admis dans les potagers. Leur ombre est nuisible, leur abri prive les plants d'une aération suffisante, leurs racines empêchent les façons culturale ou bien celles-ci se font au détriment des arbres eux-mêmes ; donc, point d'arbres dans le potager.

L'eau n'est pas moins indispensable que le soleil pour que les légumes se développent. Certains, peu exigeants, peuvent s'en passer ; tels sont les asperges, les pommes de terre, quelquefois aussi les haricots, les pois, etc. Mais ceux que l'on a le plus d'intérêt à produire, car leur développement est rapide : les radis, les salades, ne se peuvent développer si on ne leur donne de fréquents et copieux arrosages ; donc, de toute nécessité, il faut de l'eau dans le potager.

Ils sont nombreux, les légumes que l'on peut cultiver dans les jardins. Les décrire, avec tous les détails, examiner tous les modes de culture auxquels on les peut soumettre, reviendrait à écrire un traité spécial de culture potagère. Pour ici, il nous faut borner notre ambition à indiquer les principales cultures et les principales pratiques, renvoyant ceux que la question intéresse de près aux ouvrages spéciaux (1).

Nous grouperons donc les légumes, non d'après une classification purement scientifique qui n'aurait rien à faire ici, mais plus simplement suivant leur affinité et leur similitude de culture; ce sera le meilleur moyen d'aller vite en besogne et d'éviter les redites.

PLANTES DONT ON CONSOMME LES PARTIES HERBACÉES

SALADES

Les légumes dont la culture offre assurément le plus d'intérêt dans un jardin potager bourgeois sont les salades. Elles sont de consommation quotidienne, et chez nul autre légume peut-être il n'est aussi facile de constater toute la différence qui existe entre des produits fraîchement récoltés et ceux qui sont flétris pour avoir passé de main en main avant que de nous parvenir.

En toutes saisons, les salades sont d'une con-

---

(1) *Traité de culture potagère*, par J. Dybowski.

sommation agréable; en été, parce que, au moment des chaleurs, le goût est fort porté vers les légumes frais; en hiver, aussi, parce qu'à ce moment on est privé de tout légume frais.

Il est aisé d'avoir en toute saison des salades. Certaines sont spéciales à l'hiver, d'autres au printemps ou à l'automne.

Mâche.

Une des salades d'automne et d'hiver, assez généralement prisée et partout cultivée, est la

Fig. 47. — Mâche ronde.

MACHE (fig. 47). C'est une petite plante dont les feuilles forment une rosette sur le sol. Sa culture est absolument simple. La mâche vient à peu près en tout terrain, tout en préférant cependant les terres moyennement compactes. On la sème

sème dès le mois d'août, soit seule, soit entre d'autres cultures. Il faut faire ce semis à la volée et suffisamment clair pour que les plantes ne se gênent pas et puissent se librement étaler sur le sol.

Tous les quinze jours ou les trois semaines, il convient de renouveler ces semis jusqu'au mois d'octobre. De la sorte, on obtiendra des récoltes successives qui, pour les premiers semis, commenceront dès l'automne et se termineront pour les derniers au printemps. En hiver, on peut récolter à tout moment les mâches ne craignant pas le froid. Toutefois, au moment des neiges, il est bon de couvrir les salades d'un paillasson que l'on n'aura qu'à enlever pour récolter les mâches placées dessous.

Il importe de veiller à ce que cette culture ne soit pas envahie par les mauvaises herbes qui finiraient par étouffer les jeunes plantes ou, dans tous les cas, les étioleraient.

Laitue et Romaine.

La Laitue et la Romaine sont deux excellentes salades qui fournissent leurs produits pendant une partie de l'hiver, au printemps et en été, pour peu qu'on leur applique des modes de cultures appropriés à la saison à laquelle on les veut obtenir.

Parmi les laitues aux innombrables variétés qui diffèrent les unes des autres par la couleur plus ou moins verte ou rougeâtre que prennent les feuilles, la dimension de la pomme et aussi leur plus ou moins grande résistance aux froids de l'hiver ou à la chaleur de l'été, il faut citer :

VARIÉTÉS D'ÉTÉ ET D'AUTOMNE

Laitue brune paresseuse (fig. 48) ou *lente à monter ;*

Fig. 48. — Laitue brune.

Laitue palatine ou laitue rousse ;

Laitue batavia, dont les feuilles dures et croquantes rapprochent ces plantes des romaines. C'est la variété la plus résistante pour les climats chauds.

VARIÉTÉS D'HIVER ET DE PRINTEMPS

Laitue de la Passion, qui résiste au froid d'un hiver peu rigoureux et vient bien au printemps ;

Laitue morine ;

Laitue gotte ;

Laitue Georges (fig. 49), ces deux dernières variétés sont employées à la culture forcée pendant l'hiver.

Pour pouvoir planter les laitues de très bonne heure, au printemps, il est nécessaire de semer en automne et d'abriter le jeune plant afin de lui faire passer l'hiver.

Ce sont les variétés gotte et Georges qui sont généralement employées dans ce cas. On sème dans la seconde quinzaine d'octobre sur le terreau

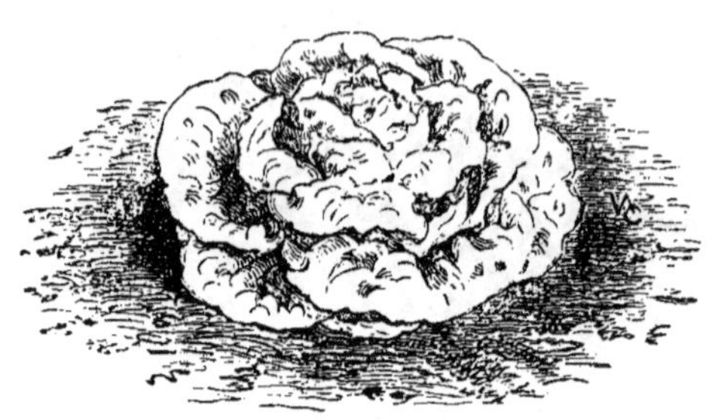

Fig. 49. — Laitue Georges.

d'une vieille couche et on bassine légèrement pour faciliter la levée.

De bonne heure, dès que le jeune plant émet sa première feuille, on repique sous cloche ou sous châssis. Pour les cloches on met la terre en ados. Quand on emploie les châssis, le sol doit être très près du verre. On repique les plants à quelques centimètres les uns des autres. Si le froid devient intense, on recouvre le verre ; par contre, on donne de l'air toutes les fois que le thermomètre s'élève au-dessus de zéro.

Quand les fortes gelées sont passées, on habitue le plant à l'action de l'air extérieur, afin de pouvoir bientôt enlever le verre sans que les plantes en souffrent.

Dès que la température devient plus douce, en

février ou mars, on repique en pleine terre, à l'abri d'un mur, en costières. Le repiquage se fait en quinconces à 0^m20 ou 0^m30, suivant les variétés. Le plant qui a été ainsi conservé peut servir à faire des plantations successives pendant tous les mois de printemps.

Afin d'assurer une succession non discontinue de récoltes, on sème des laitues d'été dès le mois de mars. Les premiers semis seront faits sur couche; plus tard, on en fera d'autres en pleine terre. Ce plant venant de semis de printemps sera repiqué directement en pleine terre et il sera nécessaire de recouvrir le sol d'un épais paillis qui retiendra l'eau des arrosages qu'il est indispensable de donner à ces salades pendant le printemps et l'été. On peut ainsi par une succession de semis obtenir des produits non interrompus jusqu'à l'hiver.

Pour récolter pendant la saison hivernale on est obligé de recourir à la culture sous verre; celle-ci donne des résultats toujours assurés; elle est facile et à la portée de tous.

C'est dès le mois d'octobre que l'on peut déjà commencer à construire des couches pour planter des laitues qui seront récoltées en décembre Le plant que l'on repique sur ces couches a été semé vers la fin d'août; il appartient aux variétés de printemps. On plante à raison de sept rangées par châssis et sur chaque rang on met un nombre égal de plants. Pendant tout l'hiver et jusqu'au printemps, on pourra construire des couches et y planter des laitues qui seront les mêmes que

celles que l'on conserve sous verre pour être plantées en pleine terre au printemps.

Les Romaines se rapprochent beaucoup des laitues dont elles ne sont qu'une race à part. Elles

Fig. 50. — Romaine blonde maraîchère.

s'en séparent cependant par quelques différences
culturales.

On cultive principalement les variétés :

Romaine verte maraîchère, employée dans la culture forcée ;

Romaine blonde maraîchère (fig. 50), variété
d'été ;

Romaine grise, variété très recommandable.

Pour faire des plantations hâtives au printemps,
on procède exactement comme pour la laitue,
c'est-à-dire que l'on sème en septembre-octobre,

et que l'on repique sous verre. Le plant ainsi conservé pourra servir à faire des plantations en pleine terre quand les fortes gelées seront passées.

De même pour la culture d'été, on sème en pleine terre et l'on repique. Cependant il faut dire que la romaine est surtout une salade de printemps et qu'elle ne réussit pas toujours très bien quand on en fait la culture pendant l'été. Comme la laitue elle exige un paillage et de fréquents arrosages.

. La culture forcée est, elle aussi, moins simple que celle des laitues. On ne peut la faire sous châssis où les plantes s'étioleraient et il devient nécessaire de se servir de cloches. On ne plante généralement qu'une seule romaine par cloche. Quelquefois cependant on plante en même temps trois laitues qui seront récoltées avant que la romaine ne soit encore complètement développée.

Pissenlit.

Le Pissenlit constitue une bonne salade d'hiver et de printemps. Sa culture est, elle aussi, peu difficile. On le sème en lignes distantes de $0^m,30$ environ dans le courant du mois de mai et même jusqu'en juin. On peut, si le plant a levé trop dru, en arracher et le repiquer en planche. Pendant tout l'été aucun soin. Puis, à l'entrée de l'hiver, on enlève les feuilles les plus grandes, jaunies déjà et l'on recouvre chaque rangée avec du terreau. Quand le pissenlit poussera, traversant cette couche de terre, les feuilles resteront blanches et tendres; on les coupera alors pour les consommer.

On peut à l'aide de divers procédés obtenir un produit pendant l'hiver. Un moyen simple consiste à arracher les racines et à les enterrer dans du sable sous la bâche de la serre, le pissenlit poussera bientôt, on pourra faire plusieurs récoltes. Plantées sur couche, ces racines donnent un résultat meilleur encore. On peut également faire le forçage sur place en recouvrant le pissenlit de coffres et de châssis et en les entourant de réchauds de fumier.

Chicorée sauvage.

La Chicorée sauvage peut être traitée exactement comme le pissenlit. Blanchie sur couche dans une cave, elle constitue la *Barbe de capucin*, dont il se fait un si grand commerce pendant l'hiver à Paris.

Chicorées endives.

Les Chicorées endives qui constituent les salades, qu'à bon droit on recherche le plus dans l'alimentation depuis la fin de l'été jusque et pendant l'hiver, se divisent très nettement, au point de vue cultural, en deux races distinctes au point de vue de l'aspect et de la saveur, mais se rapprochant absolument par leurs exigences culturales. C'est, d'une part, la *chicorée scarole*, de l'autre, la *chicorée frisée*.

Chicorée scarole.

La chicorée scarole, ou simplement *scarole*, ce qui par corruption a donné le nom de *escarole*, sous lequel on la désigne vulgairement, est une salade qui étale ses feuilles en une vaste rosette pouvant atteindre jusqu'à 0,^{m}45 de diamètre. Ces salades ne pomment pas comme le font les laitues

Fig. 51. — Chicorée scarole verte.

et les romaines, et l'on est obligé de les faire blanchir artificiellement.

Les scaroles se distinguent des chicorées frisées en ce que leurs feuilles sont moins découpées, ainsi que par une rusticité plus grande qui leur permet de résister à un froid de quelques degrés.

On cultive surtout les variétés : *scarole verte* (fig. 51) et *scarole blonde maraîchère.*

Ce sont, avons-nous dit, surtout des salades

d'automne. C'est qu'en effet les semis trop hâtifs, si on ne les fait en prenant quelques précautions spéciales, montent à fleurs au lieu de donner un produit comestible. A partir du mois de juillet, on peut semer en pleine terre, comme il a été dit pour la laitue. Mais que si on veut avoir des produits plus hâtifs, il devient nécessaire, même en mai, de semer sur couche chaude, afin que la levée des graines ait lieu dans le plus bref délai possible et que les plants ne montent pas.

Il n'y a aucun inconvénient à se servir du plant même alors qu'il a déjà acquis un fort développement. Lors du repiquage, on a le soin de raccourcir les racines et les feuilles et il est indispensable de donner de fréquents arrosages. Le plant doit être peu profondément enfoui dans le sol et le collet de la plante bien émerger au-dessus de la surface.

Les derniers semis se font à la fin de juillet et on les repique au plus tard dans les premiers jours de septembre.

Lorsque, quelle que soit l'époque, les scaroles ont atteint leur complet développement, il faut pour qu'elles deviennent comestibles les soumettre au blanchiment. Dans ce but on relève les feuilles et on les lie étroitement à l'aide d'un brin de raphia qui fait deux ou trois fois le tour des feuilles. Quinze jours à trois semaines après que cette opération a été effectuée, les salades sont blanches et propres à être livrées à la consommation. Mais on ne saurait sans crainte de les voir pourrir les laisser longtemps dans cet état, aussi convient-il de ne faire le liage qu'au fur et à mesure des besoins de la consommation.

Quand viennent les fortes gelées, il est utile de recouvrir d'un peu de paille les diverses scaroles ou mieux de les rentrer sous châssis.

Chicorée frisée.

Les CHICORÉES FRISÉES, aux feuilles plus finement découpées que les scaroles, ont une culture très analogue à celle de la chicorée scarole.

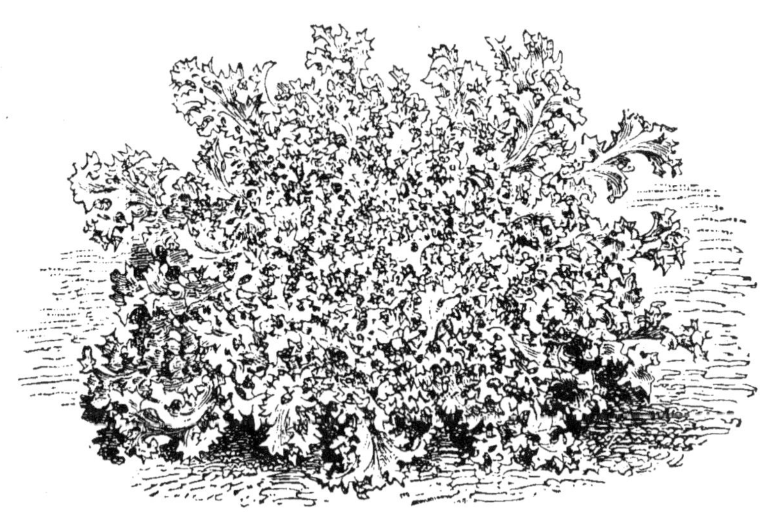

Fig. 52. — Chicorée frisée d'Italie.

Les variétés les plus cultivées sont :
Chicorée de Rouen;
Chicorée d'Italie (fig. 52).
Pour avoir des chicorées de bonne heure, il est indispensable de semer les graines sur une couche très chaude ayant au moins 30 degrés. Faute de se

conformer à cette prescription, on risque de voir tout le plant monter à fleur au lieu de produire des feuilles.

Les cultures d'été que l'on traite exactement comme celles des scaroles, c'est-à-dire que l'on arrose abondamment, peuvent, à la condition de faire des semis répétés en pleine terre, se prolonger jusqu'à la fin de la belle saison à l'air libre. C'est au commencement d'août que se font les derniers semis, afin que les plants aient le temps de se développer avant les gelées qu'ils supportent mal.

En culture forcée, non seulement il est nécessaire de semer très à chaud, comme il vient d'être dit, mais encore faut-il que le repiquage soit également fait sur une couche très chaude. Il faut lier la chicorée pour la faire blanchir.

Si l'on veut produire ses graines, on choisit les plants les meilleurs, on les conserve sous châssis, et au printemps on les plante en pleine terre pour les voir fleurir et fructifier.

Céleri.

Le CÉLERI peut être, lui aussi, rangé au nombre des plantes servant à la confection de salades. Sa culture le rapproche beaucoup de ces plantes. Cependant on en fait rarement des salades spéciales, mais le plus souvent on le mélange à d'autres plantes.

Ce ne sont pas ici les feuilles que l'on consomme, mais les pétioles ou côtes de ces feuilles ainsi qu'une volumineuse protubérance charnue que forme la base de racines dans les variétés du *céleri-rave*.

Les variétés les plus cultivées sont :

Le *céleri plein blanc*, (fig. 52) dont les côtes sont pleines ;

Fig. 53. — Céleri plein blanc.

Le *céleri doré*, variété nouvelle dont les côtes sont naturellement blanches ;

Le *Céleri-rave lisse*, variété à bulbe très volumineux.

Pour avoir du céleri de bonne heure, on le sème

sur une couche en mars. La graine est longue à lever. Il est utile, quand les jeunes plants ont deux ou trois feuilles, de les repiquer également sous châssis. On met en pleine terre en mai.

Tous les céleris, et particulièrement le céleri-rave, exigent pour se bien développer une terre très abondamment fumée; les maraîchers les plantent le plus souvent sur de vieilles couches.

On plante généralement suivant des lignes distantes de 0^m,25 et à 0^m,50 sur les lignes. Pendant tout l'été on donne de fréquents et copieux arrosages.

Pour venir succéder à ce premier semis, dont les produits pourront être récoltés en septembre, on sème encore au commencement et à la fin d'avril, mais seulement le céleri à côte, le rave devant être exclusivement semé de bonne heure.

Le céleri à côtes ne saurait être consommé sans avoir été préalablement soumis au blanchiment qui débarrassera ses feuilles de toute leur âcreté. De nombreux procédés ont été recommandés; ceux qui donnent les meilleurs résultats consistent ou bien à rentrer ces céleris dans une cave très saine où privés de lumière ils ne tarderont pas à blanchir, ou mieux à ouvrir dans le sol du jardin une fosse profonde de 0^m,30 environ dans le fond de laquelle on plantera, à l'automne, quand ils seront complètement développés, les pieds de céleri, les uns à côté des autres. Quand, après avoir arrosé, on est sûr que la reprise est faite, on fait tomber de la terre entre les plantes et on termine l'opération en recouvrant le tout de paillassons. Les céleris pourront ainsi rester une bonne partie de l'hiver.

Les céleris-raves se conservent en les débarrassant de leurs feuilles et en les enterrant le long d'un mur où on les recouvre d'une épaisse couche de terreau.

CHOUX

Les choux constituent un légume de consommation tellement courante que chacun les veut cultiver dans son jardin. Cependant on n'arrive pas toujours à un résultat heureux dans les petits jardins. La raison en est dans ce que ces plantes pour se bien développer exigent l'insolation directe, le plein air. Trop à l'étroit dans le jardin trop ombreux, ils ne pomment pas et ne donnent que des produits nuls. Cette remarque s'applique d'ailleurs à tous les choux qui sont représentés dans nos cultures sous une grande multiplicité d'aspects.

Les choux, par suite de l'ancienneté de leur culture et d'une très grande plasticité, se présentent à nous sous des aspects très divers et offrent à la consommation des produits extrêmement variés.

Chez le *chou pommé* ou *chou cabus*, c'est le bourgeon terminal formé d'un grand nombre de feuilles assemblées, que l'on consomme.

Dans le cas du *chou de Bruxelles*, ce sont les bourgeons latéraux qui constituent la partie comestible.

L'inflorescence hypertrophiée est la partie que nous recherchons dans les *choux-fleurs*.

Enfin, la tige elle-même ou la base des racines gorgées de tissus succulents deviennent alimentaires dans les *choux-raves* et les *choux-navets*.

Mais quelle que soit la partie que nous recherchions dans la consommation, toutes ces formes si diverses de choux reconnaissent une seule et même origine. Leur culture a, par suite, une analogie assez grande pour que l'on puisse les réunir tous dans un même chapitre.

Choux pommés.

On cultive un nombre considérable de variétés de choux pommés qui se distinguent en deux catégories dont l'une comprend celles dont les feuilles sont lisses; l'autre, celles à feuilles cloquées.

Voici le nom des principales variétés :

CHOUX A FEUILLES LISSES. — *Chou d'York; C. cœur de bœuf* (fig. 54); *C. de Saint-Denis, C. de Vaugirard; C. rouge; C. quintal* (fig. 55).

CHOUX A FEUILLES CLOQUÉES. — *Chou Milan de Paris* (fig. 56); *C. Milan de Pontoise.*

Dans les petits jardins, à cause des raisons énoncées plus haut, il n'y a souvent pas grand intérêt à essayer de produire des choux à grosse pomme; par contre, il est avantageux de cultiver des choux de printemps qui donneront, dans les jardins abrités, des produits plus hâtifs que dans toute autre condition culturale.

Fig. 54. — Chou cœur de bœuf.

Pour cette production hâtive, on cultive spécialement le choux cœur de bœuf et le choux d'York. On les sème à la fin d'août ou au plus

Fig. 55. — Chou quintal.

tard dans les premiers jours de septembre. Dès que les jeunes plants ont deux ou trois feuilles on les repique en pépinière à $0^m,10$ en tous sens.

Vers la fin de novembre, on choisit dans la pépinière tous les plants les mieux venants et qui représentent bien la variété cultivée, et on procède à leur mise en place. Il est bon de choisir un terrain abrité par un mur si l'on veut, sous le climat de Paris, avoir des produits hâtifs. Après que l'on a labouré la planche, on trace des sillons distants de $0^m,35$. C'est au fond de ces sillons, en observant sur les lignes la même distance qu'entre les

Fig. 56 — Chou Milan de Paris.

lignes que l'on plantera les choux, au plantoir, en les enfonçant jusqu'aux premières feuilles.

Ils passeront, le plus souvent, l'hiver sans souffrir et, dès qu'en février la saison commencera à être moins rigoureuse, on les verra se mettre en végétation ; si bien que, dès avril, les pommes commenceront à se former et les choux pourront être livrés à la consommation.

Pour avoir des choux pendant l'été et l'automne, il convient de semer dès février, puis en mars, des graines appartenant aux variétés : chou Joanet, chou de Saint-Denis, chou Milan.

Ces choux n'ont pas besoin d'être repiqués en

pépinière. On prend directement dans le semis le plant qui est mis en place, en laissant entre les plantes une distance de 0^m,60 à 0^m,80 suivant que la variété doit acquérir un plus ou moins fort développement. On a généralement, dans les jardins, la mauvaise habitude de planter trop serré, et c'est là une des causes d'insuccès.

Les choux sont avides d'engrais ; il faut donc que la terre dans laquelle on les plante soit abondamment fumée. Des arrosages copieux sont nécessaires pendant tout l'été.

Les choux d'hiver, au nombre desquels il faut comprendre le chou quintal et le chou Milan de Pontoise, se sèment, eux aussi, de bonne heure ; mais ils demandent beaucoup de temps pour se développer et leur pomme n'est complètement formée que tardivement à l'automne, c'est-à-dire après sept à huit mois de végétation.

Les choux de Milan résistent assez bien aux froids et peuvent se passer d'abri. La plupart des autres choux prennent, au contraire, sous l'action du froid une saveur musquée très désagréable. On les conserve en les abritant près à près le long d'un mur, au nord, où ils ne sont pas soumis à l'action répétée du gel et du dégel.

Chou de Bruxelles.

LES CHOUX DE BRUXELLES (fig. 57) qui fournissent à la consommation les bourgeons qui se développent à l'aisselle des feuilles latérales et constituent des petites pommes de la grosseur d'une

noix, sont surtout des plantes de grande culture.
Dans les petits jardins, ils ne donnent qu'un produit médiocre.

On les sème de février à avril et on les repique

Fig. 57. — Chou de Bruxelles.

plus tard à 0ᵐ,50 en tous sens en terre non fumée,
contrairement à ce qui doit être fait pour toutes
les autres variétés de choux.

Ce chou ne craint pas la gelée. On récolte les
petites pommes en les détachant à l'aide d'un cou-
teau, pendant toute la saison froide, au fur et à mesure que ces pommes se forment.

Chou-fleur.

Les Choux-fleurs (fig. 58) sont, dans les jardins maraîchers, produits pendant tout le cours de la belle saison ; mais il convient, dans les jardins d'amateurs, de limiter la production à deux saisons seulement et de faire des choux-fleurs de printemps

Fig. 58. — Chou-fleur Lenormand.

et d'automne, car ce sont là les modes de production qui exigent le moins de soins et donnent des résultats à peu près assurés.

Pour récolter des choux-fleurs au printemps, il convient de les semer, sur une vieille couche, vers le 15 septembre. Dès que les plants ont pris deux ou trois feuilles, on procède au repiquage ; celui-ci se fait sous cloche ou sous châssis à environ $0^m,10$

en tous sens. Pendant l'hiver, on couvre si la gelée sévit, et, au contraire, on soulève les vitrages si la température est douce.

Vers la fin de mars, on se servira de ce plant pour repiquer en pleine terre dans une situation abritée, le long d'un mur. On pourra, avec ce même plant, faire plusieurs plantations successives et prolonger ainsi le moment de la maturation. Le plus souvent, ce repiquage est fait dans un terrain déjà occupé par des salades qui seront récoltées avant que les choux-fleurs n'aient atteint leur complet développement. Il est nécessaire, dans tous les cas, de faire cette plantation en terre très riche d'engrais et d'arroser fréquemment. Souvent on arrose au pied avec de l'eau mélangée à du purin et l'on obtient de ces arrosages les meilleurs effets.

Dès que, vers le mois de mai, on commencera à apercevoir, au centre des feuilles, la jeune pomme on la soustrait à l'action directe des rayons solaires qui ne tarderaient pas à lui faire perdre sa blancheur. Dans ce but on détache, à la base de la plante, une ou deux feuilles et on les applique sur la jeune pomme. Le lendemain et les jours suivants on remettra sur la pomme une feuille fraîche et par-dessus, celles qui flétries ont servi la veille. Au bout d'un nombre de jours, variable suivant la vigueur de la plante, la pomme a acquis tout son développement, on la récolte avant que les rameaux de l'inflorescence ne commencent à s'écarter.

La culture d'automne est plus simple que celle de printemps; elle donne des résultats à peu près assurés. On sème dans le courant du mois de mai, très clair pour ne pas être obligé de repiquer en pépinière.

Souvent les choux, comme les choux-fleurs, sont ravagés par l'altise; le mieux, pour s'en préserver, est de donner de fréquents arrosages qui, en même temps qu'ils éloignent l'insecte ravageur, profitent au jeune plant.

La mise en place se fait depuis la mi-juin jusque vers la fin de juillet. On plante au plantoir à $0^m,80$ en tous sens. Il est utile d'arroser afin de favoriser la reprise; mais, sitôt que le plant recommence à végéter, il n'est pas indispensable de l'arroser beaucoup; par contre, ces arrosages devront devenir très copieux vers l'automne, lors de la formation de la pomme. Celle-ci apparaît à la fin de septembre ou en octobre. On donne alors aux choux-fleurs tous les soins que nous avons indiqués plus haut et l'on veille bien à ce que la pomme ne voie pas le jour.

On obtient une récolte soutenue pendant tout l'automne et jusqu'à l'apparition des grands froids qui endommagent les choux-fleurs.

ASPERGE

L'asperge est assurément un de nos légumes le plus recherché et qu'à cause de cela tout le monde veut la cultiver dans son jardin. Cependant, à moins de disposer d'un espace suffisant, c'est-à-dire d'au moins deux ou trois ares, c'est une des cultures le moins à recommander pour les petits jardins, non pas qu'elle soit difficile, mais qu'elle exige, pour donner de bons résultats, le plein air et un espacement suffisant.

C'est, comme on sait, une plante vivace qui donne des produits longtemps soutenus et dont la partie comestible consiste en jeunes rameaux sortant de terre, et que produit un rhyzome souterrain appelé *griffe*. La meilleure variété à cultiver est l'*asperge hâtive d'Argenteuil*.

La qualité des produits dépend de la qualité du plant et des soins apportés à la culture et à la plantation.

On se sert pour faire la plantation de griffes que l'on trouve dans le commerce. La plantation se fait dans le courant de mars et d'avril.

L'asperge vient à peu près dans tout terrain, quelle que soit sa nature minéralogique, pourvu que ces terrains ne renferment pas d'humidité en excès, laquelle ferait infailliblement périr les asperges.

Le terrain qui doit recevoir une plantation d'asperges devra, dès l'hiver, être ameubli par un labour et abondamment fumé.

Quel que soit l'espace dont on dispose, les asperges doivent, dans tous les cas, être suffisamment distancées, c'est-à-dire que les rangs seront éloignés les uns des autres au moins d'un mètre. On trace donc sur le sol des lignes à cette distance ; puis, à l'aide de la bêche, on enlève, suivant une bande large de 0$^\mathrm{m}$,50, de la terre jusqu'à une profondeur d'environ 0$^\mathrm{m}$,18. La terre provenant de cette *tranchée* est rejetée à droite et à gauche et constitue des *ados* qui règnent entre les tranchées. Dans le cas d'une plantation à un mètre, la tranchée et l'ados ont chacun 0^m,50 de large; si l'espacement est plus grand, c'est l'ados qui devient plus large.

Le fond de la tranchée est fumé à nouveau et c'est là que se fera la plantation des griffes, lesquelles seront sur lignes distancées d'au moins 0^m,90. Pour faire la plantation, on creuse un peu le sol, on y dépose la griffe et on la recouvre de quelques centimètres de terre. On a soin de marquer l'emplacement de chaque griffe à l'aide d'une baguette enfoncée dans le sol.

Il y a loin de cette méthode à celle que l'on trouve relatée dans bon nombre de livres anciens, lesquels conseillaient de planter profond et très rapproché. Nous ne saurions trop recommander de suivre, pas à pas, les indications que nous donnons ici et qui sont le résultat de nombreuses observations faites sur d'importantes plantations.

Peu de temps après la plantation, les asperges poussent des rameaux grêles, filiformes, et comme cette première année elles n'auront que peu de volume, on peut en profiter pour faire sur les ados des cultures intercallaires : semer des haricots ou planter des choux.

Si un certain nombre de plants n'ont pas poussé, on les remplace par d'autres plants que l'on a gardés en réserve.

A l'automne, les petits rameaux jaunissent. On les coupe à quelques centimètres au-dessus du sol et l'on répand sur toute la surface de la tranchée un engrais décomposé, boue de ville ou terreau de couche, destiné non à protéger les plants contre le froid qu'ils ne craignent pas, mais bien à donner au sol une fumure indispensable à la bonne venue de la plante.

Au printemps de la seconde année, les asperges repoussent plus vigoureuses, plus hautes; elles pourraient dès lors être brisées par le vent, aussi est-il utile d'accumuler un peu de terre au pied de chaque plante pour la consolider, et plus tard d'enfoncer obliquement un tuteur contre lequel on attachera tous les rameaux. Pendant l'été rien à faire, si ce n'est maintenir le terrain propre. A l'automne, couper les rameaux que l'on brûle, enlever la terre mise près de chaque pied et fumer la tranchée.

La troisième année la récolte va pouvoir enfin commencer, non encore complète cependant, et il ne faudra la faire qu'avec beaucoup de ménagement sous peine d'endommager le revenu de sa plantation pendant les années à venir. Dès avant que les asperges ne commencent à pousser, on laboure la terre des ados et on en couvre chaque pied pour en former des sortes de taupinières hautes d'environ $0^m,40$ et ayant à la base un diamètre égal. Quand les asperges vont pousser et qu'on les verra apparaître, on pourra procéder à leur récolte, mais seulement à la condition expresse qu'elles soient grosses, c'est-à-dire qu'elles aient au moins le volume du pouce. Si elle ont un volume moindre, il faut remettre à l'année suivante la récolte des produits.

Pour récolter on peut se servir d'une gouge à

l'aide de laquelle on enlève par pesée l'asperge
en la décollant de dessus la griffe qui la porte,
mais le mieux, dans la petite culture, est de dé-
chausser l'asperge et de la couper à la main le
plus près possible de la souche. Dans tous les cas,
cette troisième année il ne faut enlever que deux
ou trois asperges au maximum sur chaque pied.
Après quoi on laisse monter les asperges et on les
fixe contre un tuteur. A l'automne on refait les
mêmes travaux; on coupe et brûle les rameaux
jaunis, on débutte et on fume.

Ce sera désormais chaque année la même culture, mais avec la quatrième année va commencer
la pleine récolte, c'est-à-dire que dès que l'on
verra apparaître au-dessus des buttes qui ont été
refaites, les premières asperges, on les récoltera et
l'on continuera cette récolte en coupant tout ce
qui présente une grosseur suffisante. La cueillette
devra prendre fin vers le 15 juin. A partir de ce
moment, on laissera monter toutes les asperges
qui pousseront.

Une aspergerie bien établie et bien fumée peut
donner ses produits pendant une douzaine d'années au moins.

On peut tirer un bon parti des vieux pieds sur
lesquels la récolte devient insuffisante en les arrachant et les mettant l'hiver sur une couche chaude
recouverte de terreau. On obtiendra ainsi un produit d'asperges grêles, il est vrai, mais qui venant
à cette époque seront justement estimées.

ARTICHAUT

L'artichaut est une plante vivace qui fournit à la consommation ses inflorescences encore jeunes et tendres.

On en cultive surtout deux variétés :

L'*artichaut gros vert de Laon* (fig. 59), qui donne de gros capitules très charnus ;

L'*artichaut violet de Bretagne*, plus hâtif que le précédent, mais d'une qualité un peu inférieure.

Bien que produisant des graines fertiles, même sous notre climat, l'artichaut dans la culture pratique ne se multiplie jamais qu'au moyen d'éclats que l'on enlève au pied des vieilles plantes et qui reprennent avec la plus grande facilité.

Quand des vieux pieds ont victorieusement traversé la saison hivernale, et qu'ils commencent, sous l'influence des premières journées plus chaudes, à émettre de nouvelles feuilles, à l'aide d'une bêche on écarte la terre et l'on met à nu la souche de la plante. On voit alors que celle-ci porte en nombre variable des drageons que l'on nomme *œilletons*. Les deux ou trois plus vigoureux sont conservés ; tous les autres, au contraire, sont enlevés à l'aide de la serpette et serviront à la plantation. Souvent ils portent déjà des racines. Quand on n'a pas chez soi de vieux pieds qui fourniront le plant, on en est réduit à acheter celui-ci au marché ; il importe qu'il ne soit pas fané.

Il faut entre chaque pied laisser un espacement suffisant pour que la plante se puisse développer à l'aise : 0^m,80 est la distance convenable. On plante les œilletons au plantoir et le plus souvent on en met deux, un à 0^m,20 de l'autre, de façon à former de suite une plus forte touffe. Il est indispensable d'arroser pour favoriser la reprise.

Plantés au moment de l'œilletonnage, dans le

Fig. 59. — Artichaut gros vert de Laon.

courant de mars ou d'avril, les jeunes plants se développent vigoureusement, surtout si l'engrais et l'eau ne leur font pas défaut. Un certain nombre d'entre ces plants montent à fleur dès l'année même et l'on obtient ainsi un produit d'automne.

A l'approche des grands froids on relève toutes les feuilles et on les maintient par un lien de paille, puis on les butte pour en protéger la base. Quand pendant l'hiver le froid deviendra intense, il sera nécessaire de couvrir les feuilles à l'aide de litières ou de feuilles sèches.

Après l'hiver on enlève les buttes, on laboure le terrain, et lorsque les artichauts repousseront on pratiquera l'œilletonnage, quand bien même on n'aurait pas besoin de plants, dans le but de ne laisser sur la plante-mère que deux ou trois des œilletons les plus vigoureux. Ces plants, qui ont passé l'hiver, monteront à fleur dès le printemps et l'on pourra déjà obtenir des artichauts vers la fin de juin et dans le courant de juillet.

En faisant chaque année une nouvelle plantation au printemps, on aura un produit soutenu du printemps à l'automne.

Un bon procédé applicable à la culture des jardins consiste à pratiquer l'œilletonnage à l'automne et à rempoter les œilletons pour les conserver sous châssis. On les mettra en place au printemps et l'on obtiendra ainsi un beau produit en été.

Une plantation d'artichauts ne doit pas occuper le sol plus de trois ans, après quoi les produits qu'elle donne deviennent moins beaux.

OSEILLE

L'oseille est une des plantes que l'on doit toujours cultiver, même dans le jardin de petite étendue. Sa culture est facile et les produits qu'elle fournit sont d'un usage fréquemment répété.

On cultive surtout :

L'*oseille large de Belleville*, variété à feuilles amples et à gros rendement, que l'on multiplie de graines ;

L'*oseille vierge*, qui a l'avantage de ne pas monter en fleur et de donner par suite un produit plus soutenu. On la propage par éclats, puisqu'elle ne donne pas de graines.

L'oseille croît dans toutes les terres, et pour peu qu'on la fume elle donne un produit abondant. Il est mauvais, comme on le fait trop souvent, de la planter en bordure, car ses feuilles se souillent du sable des allées qui reste adhérent malgré les lavages. Il est donc préférable de la planter en planches où on pourra l'arroser et lui donner les soins convenables.

On sème l'oseille principalement au printemps, en mars et avril, mais à la condition d'arroser on peut prolonger l'époque de ces semis jusqu'en été. Pour récolter il faut couper feuille à feuille, afin de ne pas endommager le bourgeon central et ralentir ainsi la production.

En plaçant des châssis pour l'hiver sur l'oseille, on obtient un bon produit pendant la froide saison.

ÉPINARD

L'épinard est une plante à culture facile qui vient presque sans soin dans tous les potagers.

Les meilleures variétés à cultiver sont :

L'*épinard d'Angleterre*, qui a l'avantage de ne monter à fleur que tardivement ;

L'*épinard de Hollande*, ainsi que sa sous-variété, l'*épinard de Viroflay* (fig. 60), dont les feuilles sont très larges, résistent très bien au froid.

On cultive surtout les épinards pour en obtenir

Fig. 60. — Épinard de Viroflay.

les produits pendant l'automne et l'hiver. Dans ce but, on sème depuis le 15 août jusque vers le milieu d'octobre. Les premiers semis fournissent leurs produits dès l'automne ; les derniers semis ne sont bons à être récoltés qu'au printemps.

En faisant plusieurs semis on obtient un produit non interrompu depuis l'automne jusqu'au printemps.

On peut aussi semer au printemps et même en été, mais alors les plantes ont tendance à monter de suite à fleur. Aussi tandis qu'en hiver on coupe simplement les feuilles pour obtenir sur le même pied plusieurs récoltes successives, en été on peut arracher de suite les plantes, car elles ne fournissent qu'une seule récolte.

Les semis peuvent être faits en lignes distantes de 0^m,30 ou à la volée. Il convient de recouvrir la graine d'un paillis et d'arroser les cultures d'été. Les graines conservent leurs facultés germinatives pendant cinq années.

PERSIL

Le persil est une plante condimentaire d'un usage si fréquent qu'il est indispensable d'en avoir dans tout jardin.

Fig. 61. — Persil frisé.

On sème de février à juillet en ligne. La meilleure variété à cultiver est celle du *persil frisé* (fig. 61), dont les feuilles élégantes sont ornementales et peuvent servir à décorer les plats.

Pour l'hiver, afin de prolonger la récolte, il est bon de jeter quelques feuilles sèches sur le persil et le préserver ainsi des trop grands froids.

CERFEUIL

Le cerfeuil se sème à toutes les époques; il vient partout. Semé à l'automne, il passe l'hiver sans abri; cependant recouvert d'une cloche il reste plus vert, plus frais. On fait le semis à la volée sur une petite surface; il est utile de le renouveler souvent, car en été le cerfeuil monte vite à fleur et devient alors impropre à être employé.

ESTRAGON

L'estragon est une plante vivace. Il suffit d'en avoir un pied dans un coin du jardin pour pouvoir sans cesse en couper des rameaux, dont on se sert pour aromatiser les salades et les conserves au vinaigre.

On le multiplie par éclat de touffes fait au printemps.

PLANTES DONT ON CONSOMME LES PARTIES SOUTERRAINES

POMME DE TERRE

L'usage de ce légume est tellement répandu, chacun sait que sa culture est si simple, qu'un des premiers essais culturaux auxquels se livre qui-

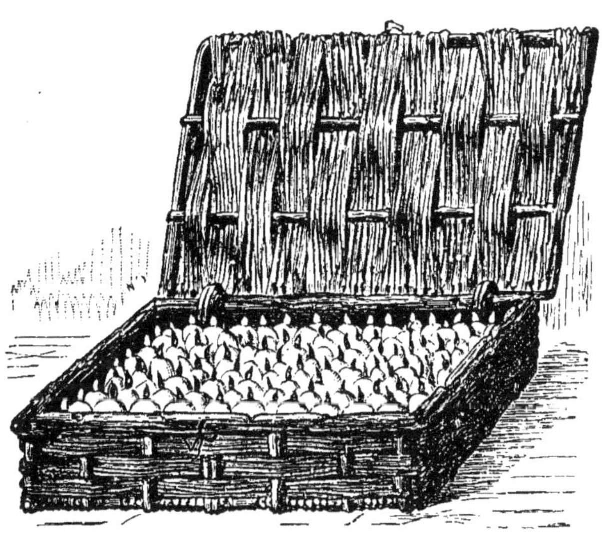

Fig. 62. — Pommes de terre marjolin germées.

conque a un jardin potager consiste à planter des pommes de terre.

Dans les petits jardins, cette culture n'a d'intérêt qu'à la condition exclusive d'en obtenir des

17.

produits hâtifs. La production, en saison normale, est du domaine de la grande culture.

Il est facile d'obtenir des produits de bonne heure sans le secours de chauffage d'aucune sorte, pour peu que l'on ne cultive que des variétés appropriées à ce genre de production et que l'on suive une méthode spéciale.

Les meilleures variétés pour la petite culture sont : ·

Pomme de terre marjolin, **P.** *marjolin Tetard*, *P. à feuille d'ortie.*

Le moyen qui hâte singulièrement la venue des pommes de terre consiste à les faire préalablement germer et à ne les planter que munies de ce germe. On trouve, dans le commerce, des pommes de terre que l'on vend toutes germées; mais, l'on peut aussi arriver aisément soi-même à ce résultat. Le procédé consiste, lors de l'arrachage des pommes de terre mûries dans le sol, à choisir toutes celles qui, de moyenne grosseur, sont bien faites et semblent saines. On les range debout, la pointe en bas, côte à côte, dans des clayettes spécialement construites à cet effet, où simplement dans des paniers plats (fig. 62).

Pendant l'hiver on les conserve dans un local peu humide où il ne gèle pas. On voit bientôt un germe se former et si la lumière ne fait pas défaut dans le local où les paniers sont placés, ce germe reste court et trapu.

Quand on plante ainsi des pommes de terre à demi développées, on comprend que l'on gagne singulièrement de temps. Les premières plantations doivent se faire à situation chaude près d'un mur à bonne exposition.

Il est difficile d'indiquer une date de plantation, car l'époque varie beaucoup suivant que l'année est plus ou moins propice. On peut dire, en terme général que, dès que les fortes gelées sont passées, on peut planter. Souvent cette plantation peut être faite de février en mars. S'il survenait quelque gelée blanche, on en serait quitte pour répandre sur les feuilles un peu de litière.

Ces pommes de terre peuvent être plantées assez près les unes des autres, et $0^m.35$ d'écartement suffit. Il faut se garder d'enterrer trop profondément. On ouvre, à l'aide de la bêche, une petite excavation profonde seulement de $0^m,10$, et l'on y place délicatement la pomme de terre germée, debout, le germe en l'air. On recouvre ensuite, laissant au pied une petite cuvette.

Quand les fannes se sont bien développées, on peut butter, mais très légèrement. Il suffit de ramener simplement la terre pour combler la petite cuvette laissée près de chaque pied, et il faut se bien garder de faire, comme on le pratique si souvent, des sortes de vastes taupinières qui sont nuisibles à la formation des tubercules.

On peut commencer à récolter, généralement, dans la première quinzaine de juin. Souvent on déterre un peu la plante pour ne prendre que les plus gros tubercules, laissant les autres parachever leur développement.

CAROTTE

La carotte est une plante de grande culture ou du moins de plein champ, quand on considère les variétés à grosses racines que l'on conserve pour la consommation hivernale. Par contre, il est certaines variétés et des modes de cultures spéciaux qui sont du domaine essentiel du jardinage. Ce sont ces procédés et ces variétés que nous voulons indiquer :

Carotte courte à châssis et sa variété maraîchère; *C. grelot* (fig. 63). Toutes les deux conviennent pour la culture hâtive et forcée.

Carotte demi-longue nantaise; C. de Guérande.

On peut commencer à semer la carotte courte dès le mois de février dans les jardins situés à bonne exposition. Le plus souvent, on sème en côtière dans un terrain qui sera en même temps planté en laitue ou romaine. Le semis se fait à la volée et l'on recouvre la graine d'un peu de terreau. On arrose si le temps est sec.

Après ce premier semis, on en peut faire d'autres successivement jusqu'en juillet. La carotte demande environ trois mois pour venir à bien. Pour récolter, on arrache çà et là les plants les plus forts et l'on pratique ainsi une éclaircie.

On peut encore, avec quelque avantage, semer des carottes courtes en août. Quand viendra l'époque des froids, on recouvrira la planche de carottes, de litière ou de feuilles et l'on pourra, pendant tout l'hiver, récolter des produits qui auront l'apparence et presque la qualité de carottes nouvelles.

Semée sous châssis et sur couche, la carotte donne un produit assuré. Généralement, dans la

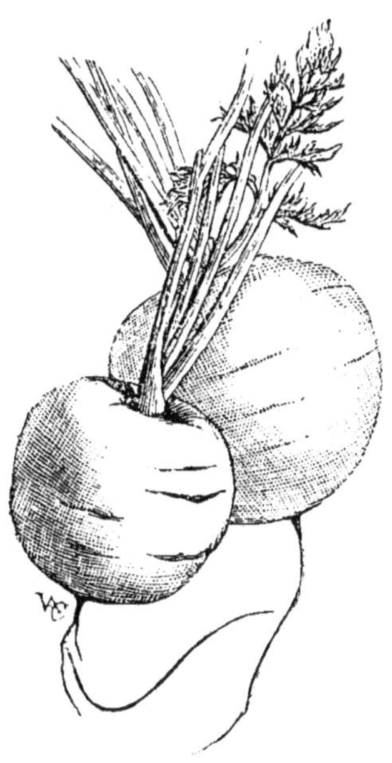

Fig. 63. — Carotte grelot.

plantation de laitues sur couche, on sème des carottes courtes dont la récolte ne se fera que longtemps après celle de la salade.

La graine n'est bonne que pendant deux années. On conserve les carottes en cave ou on les enterre dans du sable après avoir coupé les feuilles.

NAVET

Le navet a produit un très grand nombre de variétés, mais qui, pour la plupart, appartiennent à la grande culture. Les meilleures variétés à cultiver dans les jardins sont les suivantes :

Navet long des Vertus, et plus spécialement une

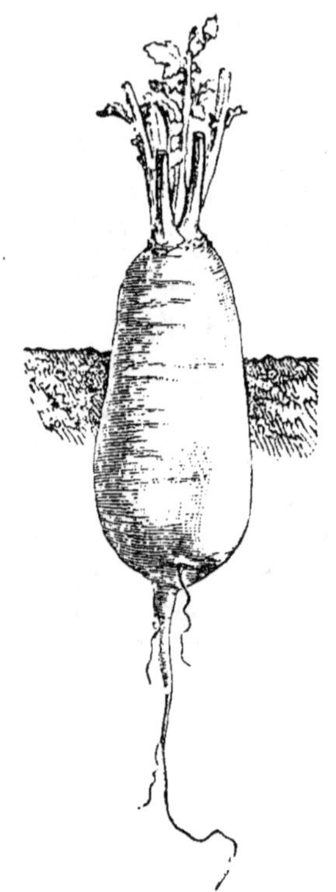

Fig. 64. — Navet Marteau.

sous-variété essentiellement horticole : *N. Marteau* (fig. 64).

Navet de Meaux ;

Navet de Freneuse ;

Navet rond des Vertus.

Pendant les mois du printemps et de l'été, la culture du navet présente quelque difficulté, pour la raison que ces plantes ont tendance à monter de suite à fleur et par suite la racine ne se forme pas. De plus, dans beaucoup de terrains, les navets sont, à ce moment de l'année, ravagés par les altises. On ne peut parer à ce double inconvénient que par des arrosages très fréquents.

Les semis faits à partir du mois d'août réussissent mieux et donnent des produits plus assurés. Ce sont ceux-ci qui fournissent les navets d'hiver.

On sème les navets à la volée, très clair, et si le plant lève trop dru, on éclaircit afin de laisser entre chaque pied au moins $0^m,10$. Il importe de recouvrir la graine d'un paillis et d'arroser souvent si le temps est sec.

Le navet donne d'excellents produits quand on le sème de janvier à mars sur couche.

C'est le *navet Marteau* que l'on emploie à cette culture. Il faut semer les graines une à une en les piquant au doigt. Les navets poussent vite, et sitôt que les feuilles sont abondantes on enlève les châssis. On récolte après deux mois de culture.

Les graines conservent leurs facultés germinatives pendant cinq années.

On conserve les navets en cave comme la carotte après avoir coupé les feuilles.

BETTERAVE

Les *betteraves* cultivées pour les usages culinaires sont toutes à chair rouge. Les plus cultivées, sont :

Betterave grosse rouge ;
Betterave plate d'Égypte.

On peut semer les betteraves en place, de mars en mai. Le mode de cultiver le plus généralement suivi consiste à jeter quelques graines dans des petits poquets distants les uns des autres de 0^m,35 environ ; puis, quand les plants sont bien levés, on n'en laisse qu'un, le plus vigoureux.

On peut aussi semer sur couche et repiquer ; mais il est à craindre que les betteraves ne deviennent filandreuses. Il est utile d'arroser. Pour l'hiver on les conserve en cave.

PANAIS

Les *panais*, dont la variété la plus cultivée est celle du *panais rond*, sont d'une culture facile.

On les sème depuis février jusqu'en juillet. On opère le semis en ouvrant des rayons distants de 0^m,30 au fond desquels on répand la graine que l'on recouvre de terre. On éclaircit si le plant lève trop dru. Les panais ne craignant pas la gelée, on peut donc les laisser en place tout l'hiver, ou bien les arracher et les garder en cave.

RADIS

On divise les radis en *radis de tous les mois* et en *radis noirs* ou d'hiver.

Radis de tous les mois.

Les variétés qu'a produit la culture sont innombrables ; il en est de toutes les couleurs : depuis le blanc jusqu'au violet et au jaune en passant par le rouge et le rose. On peut s'amuser à en essayer successivement la culture. La variété la plus estimée est celle des *radis roses à bout blanc* (fig. 65) ; elle convient à toute culture.

Ces radis peuvent se semer pendant tout le

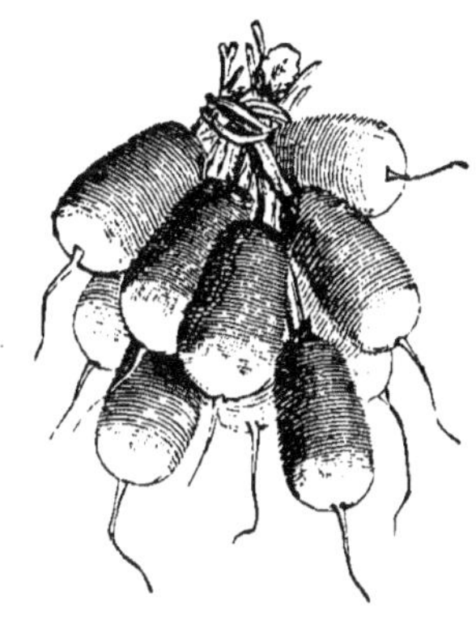

Fig. 65. — Radis rose à bout blanc.

cours de la belle saison. Pour en être constamment muni, il convient d'en faire des semis tous les quinze jours environ.

On ne doit jamais semer les radis seuls, mais les associer à d'autres cultures : salades, choux, etc.; puisque, se développant très vite, ils ont débarrassé le sol avant que ces autres plantes n'aient besoin de toute la place. On compte que, pendant l'été, les radis peuvent être consommés environ trente jours après le semis.

Pour qu'ils soient tendres, qu'ils ne deviennent pas creux et qu'ils ne soient pas de saveur trop piquante, il les faut arroser souvent.

Les semis se font toujours à la volée, clairs, avant de recouvrir le sol de paillis.

Les semis sur couche, entre les carottes ou les salades, donnent de rapides résultats.

Radis noirs.

On les sème de mai à juillet. Leur culture est absolument la même que celle des navets. On peut de même les conserver en cave pendant l'hiver.

Les graines peuvent conserver leurs facultés germinatives pendant cinq années.

SALSIFIS

Les *salsifis* sont des plantes dont les longues racines blanches sont comestibles. Ils appartiennent surtout à la grande culture. On les sème au printemps en rayons écartés de 0^m,30. On éclaircit le plant s'il est trop serré et on arrose quand le temps est sec.

On récolte en octobre et novembre.

SCORSONÈRE

Au point de vue de l'aspect, le *scorsonère* diffère du salsifis en ce que sa racine est noire. On n'en peut utilement récolter les racines que la seconde année. Cela devient donc une culture peu avantageuse pour les petits jardins.

CIGNON

On divise les *oignons* en deux catégories. L'une renferme les *oignons blancs*, l'autre les *oignons de couleur*. Chacune d'elles a des exigences culturales différentes.

Oignons blancs.

Les *oignons blancs* (fig. 66) sont ceux dont la culture offre-le plus d'intérêt pour les petits jardins, car elle donne des produits hâtifs et n'occupe

Fig. 66. — Oignon blanc hâtif.

le terrain que pendant la mauvaise saison, c'est-à-dire alors que le sol du jardin est libre.

On sème les oignons blancs fin juillet, au plus tard dans le commencement d'août. Ce semis est fait très serré dans un petit coin de terre. On paille et on arrose.

Quand en septembre-octobre le plant a la grosseur d'un tuyau de plume à écrire, on l'arrache et on le repique en planche bien labourée. Cette replantation se fait au plantoir, il faut peu enfoncer le plant et laisser entre chaque pied une distance de $0^m,10$ environ.

Dès le printemps, de bonne heure, l'oignon qui a passé l'hiver sans nécessiter d'abri commence à pousser et bientôt il forme de petits bulbes. Cet oignon est très recherché comme assaisonnement. Il ne faut pas manquer d'en avoir dans un potager, si petit fut-il.

Oignons de couleur.

On en cultive un très grand nombre de variétés. Les plus cultivées sont les suivantes :

Oignon jaune des Vertus;
Oignon de Mulhouse;
Oignon rouge de Niort (fig. 67).

Le mode de culture le plus simple consiste à semer dès février ou mars les oignons dans une terre bien préparée, soit à la volée, soit en lignes. Si le plant est trop serré on éclaircit. On arrose si le temps est sec.

Rien à faire pendant la belle saison, si ce n'est de maintenir le sol exempt de mauvaises herbes.

Vers le mois d'août, les fannes sèchent; on arrache alors les oignons et on les laisse se ressuyer sur le sol, après quoi on les rentre dans un endroit aéré où ils passeront l'hiver.

Pour avoir de très gros oignons on peut semer sur couche au printemps et repiquer en planches.

Fig. 67. — Oignon rouge.

On peut encore planter au printemps des petits bulbes de la grosseur d'une bille et que l'on trouve chez les grainiers. Ils fournissent de beaux bulbes à la fin de l'été. Si on plantait au printemps des bulbes trop forts on s'exposerait à les voir monter à fleur.

La graine est bonne seulement pendant deux ans.

POIREAU

Il est utile de cultiver cette plante dans les petits jardins, afin d'en avoir constamment sous la

18.

main, car c'est le condiment obligé du classique pot-au-feu.

On cultive le *poireau long de Paris* (fig. 68) et le *poireau court de Rouen*. Le premier, moins volumi-

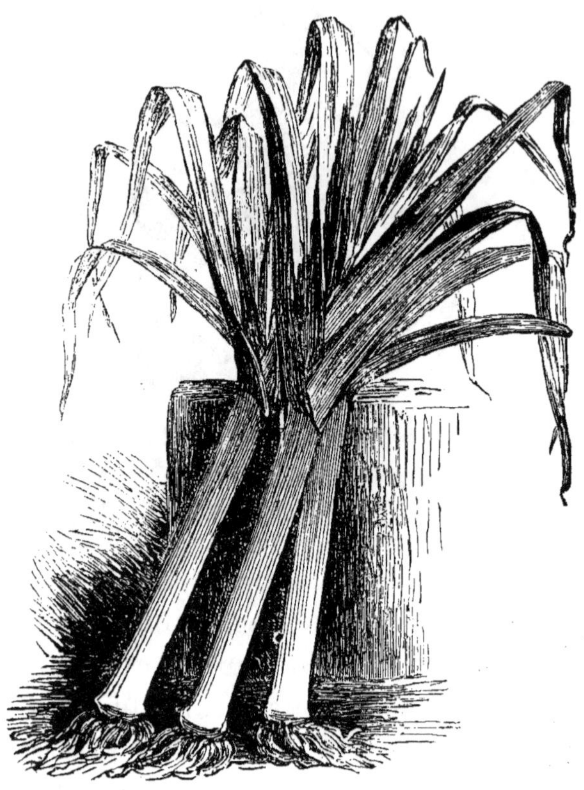

Fig. 68. — Poireau long de Paris.

neux, a l'avantage de se mieux conserver en hiver et de résister aux froids.

Pour avoir des poireaux de bonne heure, on peut semer en février sur couche, puis repiquer en pleine terre, mais le plus ordinairement on se contente de semer en février-mars en pleine terre.

Dès que le plant a quelques feuilles, on l'arrache et après les avoir raccourcies ainsi que les racines, on le repique au plantoir à 0^m,15 en ayant soin de l'enfoncer profondément. On arrose.

On commence à récolter dès que l'on juge les poireaux assez forts. On peut continuer à prélever ainsi sur la même plantation jusqu'en hiver. A l'approche des froids, il est bon d'arracher ce qui reste et de le mettre en jauge pour l'avoir sous la main.

Le poireau est souvent attaqué par une teigne dont la larve ronge les feuilles. On s'en débarrasera en coupant tout au ras du sol. Les poireaux repoussent rapidement.

La graine peut servir pendant trois années.

AIL

La culture de *l'ail* est des plus simples. Il suffit, au printemps de bonne heure, d'éclater une tète d'ail et de planter chaque gousse séparément.

On récolte quand les feuilles jaunissent.

ÉCHALOTTE

On procède comme pour l'ail.

On cultive *l'échalotte ordinaire* et *l'échalotte de Jersey*.

CIBOULETTE

Cette plante croît en touffes vivaces. On doit en avoir dans les jardins, car elle sert d'assaisonnement aux salades. On la multiplie par division de touffes au printemps.

PLANTES DONT ON CONSOMME LES FRUITS

MELON

On ne sait trop pourquoi la culture du melon est généralement considérée comme extrêmement difficile. Tout propriétaire de jardin est content de produire ce fruit, et c'est pour lui une grande satisfaction quand il en obtient de beaux. On peut aisément arriver à ce résultat pour peu que l'on ne veuille pas avoir des fruits de grande primeur dont la production exige des soins spéciaux.

On cultive le plus généralement les *melons cantaloups* (fig. 69) qui sont les meilleurs, mais aussi les plus exigeants. Il existe une foule de variétés de melons, dits *de poche*, dont les fruits viennent à bien avec plus de facilité.

Dans une culture pratique, il convient de ne semer les melons qu'en mars ou avril, soit dans la serre si celle-ci est chauffée, soit sur couche.

Dès que le plant est levé, on repique chaque pied dans un godet. Il faut enterrer le plant jusqu'aux premières feuilles et placer ces godets sur couche. Quand le plant prend ses feuilles on coupe la tige au-dessus des deux premières, et dès que de nouveaux bourgeons commenceront à se développer il faudra mettre les plantes en place.

On construit alors une couche chaude suivant les principes qui ont été énoncés (voyez page 27), et on la charge non de terreau pur, mais d'un mélange en parties égales de terreau et de terre de

Fig. 69. — Melon cantaloup.

jardin. Quand le coup de feu est passé on peut planter.

On met deux ou trois pieds par châssis, le plus souvent deux, dans la partie moyenne.

Les plants ne vont pas tarder à pousser et les rameaux à s'étaler sur le sol. Dès que ceux-ci seront suffisamment longs, on les coupera au-dessus de la cinquième feuille. Les branches qui naîtront ensuite vont commencer à produire des fleurs qui les unes sont mâles, d'autres femelles. Bientôt on verra apparaître des jeunes fruits. Sur chaque pied on choisira alors les mieux venants, deux seulement s'il s'agit de melons cantaloups, plusieurs si ce sont des melons de poche et on supprimera tous ceux qui se produiront ensuite. On taille les rameaux qui portent fruit à deux feuilles au-dessus de ce fruit. On pince tous les autres rameaux pour les empêcher de s'allonger.

Les soins culturaux consistent à couvrir les châssis pour la nuit, et à les découvrir le matin; donner de l'air dès que le temps devient chaud ; couvrir le sol d'un paillis quand les rameaux commencent à s'allonger; arroser quand le sol se dessèche ; donner de fréquents bassinages sur les feuilles ; détruire les pucerons à l'aide d'eau de tabac.

Dans le centre de la France et même sous le climat de Paris, on peut planter en mai sur une couche peu épaisse et se contenter d'abriter les plants à l'aide de cloches.

CONCOMBRE

Les *concombres* peuvent ou bien être récoltés alors qu'ils sont complètement développés ou, au contraire, à l'état jeune. Ils constituent alors les *cornichons*. On cultive les *concombres blancs* et les *concombres verts* (fig. 70); ces derniers servent à la confection des cornichons.

Les concombres peuvent être considérés comme des plantes rustiques avec cette restriction toutefois qu'il leur faut le plein air et que dans les jardins trop confinés, trop étroits, ils ne donnent rien, car ils sont attaqués par une maladie appelée *la grise*, contre laquelle on ne connaît pas de remède.

On peut semer les concombres directement en

place dès mai, soit en faisant des poches de terreau et de fumier, soit simplement en pleine terre.

On sème par touffes espacées de 0^m,70. Dans chaque touffe on laisse deux ou trois plants. On peut pour hâter la germination et le premier dévelop-

Fig. 70. — Concombre vert à cornichons.

pement recouvrir chaque touffe d'une cloche que l'on enlève en juin.

Il n'est pas indispensable de tailler; cependant on se trouve bien d'appliquer un procédé analogue à celui que l'on suit pour le melon.

Si on veut hâter la production, on traite le jeune plant comme celui du melon et on plante sur couche.

La graine reste bonne pendant une dizaine d'années.

COURGE

Les *courges* peuvent se diviser en variétés à petits fruits et en variétés à gros fruits que l'on désigne souvent sous le nom de *potirons*. Ces derniers, à cause même du développement qu'atteint le fruit, n'offrent qu'un faible intérêt au point de vue des petits jardins, si ce n'est peut-être à titre d'amusement et de curiosité.

Les meilleures variétés culturales sont celles qui

Fig. 71. — Courge de Yokohama.

produisent des fruits nombreux et peu volumineux. Il en existe un nombre très considérable. Nous recommandons d'une façon toute particulière la *courge de Yokohama* (fig. 71), dont les fruits sont de qualité excellente.

La *courge verte de Hubard* est également de très bonne qualité. Si l'on veut consommer les jeunes fruits, que l'on farcit, il faut cultiver la *courge à la moelle* ou la *courge longue d'Italie*.

Les courges peuvent se semer en place comme les concombres, avec cette seule différence qu'il faut laisser un espacement d'au moins 1^m,50 et que l'on ne met qu'un seul pied à la fois. On peut aussi élever sous châssis en pot, puis planter en pleine terre.

Ces plantes poussent d'autant mieux qu'on leur donne plus d'engrais et d'arrosages. Souvent on utilise les tas de fumiers qui restent sans emploi pendant l'été, attendant le moment des labours, en y plantant un ou deux pieds de courges, dont les fruits deviennent énormes. Il faut laisser traîner les branches sur le sol, car elles s'y enracinent et la plante devient par cela même plus vigoureuse.

TOMATE

La *tomate* dont la culture est relativement peu ancienne puisqu'elle ne remonte pas, chez nous, à plus d'une cinquantaine d'années, est maintenant d'un usage extrêmement répandu.

Il faut cultiver les variétés à *gros fruits*. Une des meilleures est la variété à *gros fruits lisses* (fig. 72) ou la *tomate Chemin*.

Pour avoir des fruits de bonne heure, il faut semer sur couche, en avril. Le plant, sitôt qu'il a quelques feuilles, est repiqué sur la même couche, et on ne le mettra en place que lorsque les gelées ne seront plus à craindre, c'est-à-dire après le 15 mai sous notre climat. Si l'on a quelque partie de mur non employée, à bonne exposition, on l'utilisera en y palissant des tomates qui se développeront vite et donneront des fruits de bonne heure. A défaut de mur, on plante en planche exposée au midi. Il faut enfoncer profondément les plants et les arroser abondamment.

Déjà, quand les plants sont mis en place, ils montrent les premières fleurs, mais si l'on n'y

Fig. 72. — Tomate à gros fruits lisses.

prend garde, ces fleurs couleront et il faudra attendre longtemps avant que d'avoir des fruits. Pour parer à ce danger il faut tailler les tomates. La première taille consiste à supprimer tous les jeunes rameaux qui se développent au voisinage de l'inflorescence et de n'en laisser que deux ou trois situés plus bas et qui assureront les productions à venir. Quand, à leur tour, ces rameaux porteront fleur, on supprimera tous les autres rameaux qui se développeront et l'on aura ainsi limité la production à cinq ou six bouquets de fleurs et de fruits.

De même, on enlèvera avec soin les rameaux gourmands qui se développent souvent au pied des plantes. On verra que le pied de tomate, réduit ainsi à la production de quelques bouquets de fruits, fournira un rendement plus hâtif et plus abondant que si on l'abandonnnait à lui-même.

Il faut se garder, par contre, d'enlever les feuilles sur les rameaux que l'on a conservés. A l'automne on se contente d'enlever les quelques feuilles qui projettent leur ombre sur les fruits et les empêchent de bénéficier des rayons solaires.

Les tomates à demi mûres quand surviennent les premières gelées, peuvent achever leur maturation dans une chambre, sous cloche ou sous châssis.

Les graines conservent leur faculté germinative pendant quatre années.

HARICOTS

Les *haricots* se divisent en deux catégories comprenant l'une, les *variétés naines*; l'autre, les *variétés à rames*, c'est-à-dire dont les longues tiges sont volubiles et réclament des supports. A de rares exceptions près, les variétés naines sont celles qui sont le plus recommandables pour les petits jardins. Il est des variétés à grain coloré, d'autres à grain blanc; ces dernières sont les plus recherchées. Enfin les haricots se consomment soit à l'état de jeunes gousses, en *haricots verts*, soit en grain. Il est des variétés qui peuvent servir aux deux usages. Une des meilleures est celle du *haricot flageolet d'Étampes* (fig. 73). On trouvera dans tous les catalogues de longues listes de variétés qui ne sauraient trouver place ici.

On ne sème les haricots que lorsque les gelées

Fig. 73. — Haricot flageolet d'Etampes.

ne sont plus à craindre, en mai. Le semis se fait en ouvrant, à la bêche, de petites poches peu profondes dans lesquelles on jette six on sept grains. On distance ces touffes d'environ 0^m,40. On peut successivement semer jusqu'à la fin d'août, mais ces derniers semis ont souvent besoin d'être, au moment des premières gelées blanches, recouverts pour la nuit de paillassons placés sur des piquets.

Les premiers semis commencent à donner leurs produits en vert, en juillet-août.

POIS

Il faut déjà disposer d'un certain espace pour pratiquer la culture des *pois*. Bien qu'il existe des variétés naines, il est préférable de semer des variétés à rames qui donnent un plus fort rendement.

Fig. 74. — Pois express.

Les meilleures variétés sont :

Pois Prince-Albert ;

Pois express (fig. 74).

On peut encore cultiver le *Pois Michaux*, que l'on sème à l'automne ; mais l'expérience nous a montré que les variétés hâtives que nous venons de désigner, semées de très bonne heure, au printemps, donnaient des produits aussi hâtifs et plus abondants.

19.

On sème les pois généralement en rayons espacés de 0^m,40 ou en poquets, comme les haricots. Le semis se fait aussitôt que possible. On le peut renouveler plusieurs fois jusqu'en mai; passé cette époque, les produits deviennent faibles ou même aléatoires.

Quand les pois s'allongent, on doit leur donner des rames qui sont des branches d'arbres longues de plus d'un mètre. Il est bon, dès que les rameaux ont donné cinq ou six grappes de fleurs, de les pincer afin de hâter le développement des gousses. On récolte dès que les grains sont formés.

Les graines de pois peuvent servir pendant trois ans.

FÈVE

On peut cultiver la *fève de Windsor*, dont la

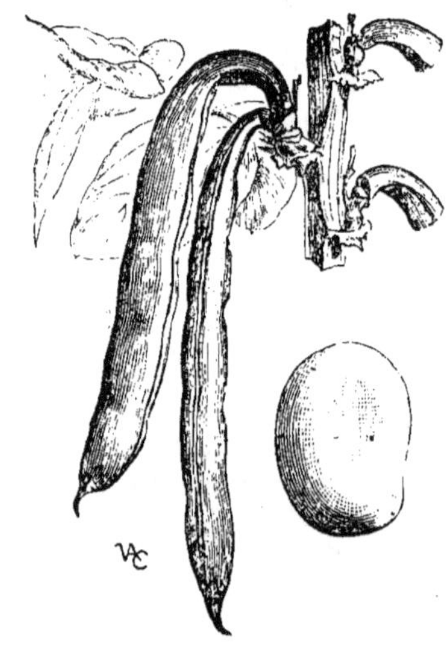

Fig. 75. — Fève de Séville.

gousse est courte, mais mûrit de bonne heure, ou

la *fève de Séville* (fig. 75), dont la gousse est plus longue et contient plusieurs grains.

On sème les graines en février-mars, en lignes espacées de 0^m,35, et sur ces lignes on laisse entre les pieds 0^m,15. Quand les fèves ont produit une dizaine d'inflorescences on pince la tige.

On récolte dès que le grain est formé ou alors que la gousse est sèche.

FRAISIER

Il faut, dès le début, diviser les *fraises* en variétés à *gros fruit* et en *fraises de tous les mois*,

Fig. 76. — Fraise Docteur Morère.

qui donnent de petits fruits analogues à ceux que l'on trouve dans les bois, mais qui chez nos variétés cultivées ont le mérite d'un volume plus grand, d'une saveur plus parfumée et d'une production continue pendant tous les mois de la belle saison.

Fraises à gros fruit.

Cette catégorie renferme un nombre très considérable de variétés. Nous ne citerons que les principales :

Fraise May Queen, variété très hâtive ;

Fraise Docteur Morère (fig.76), fruit gros et de très bonne qualité ;

Fraise Héricard de Thury, vulgairement : *Fraise Héricard ;*

Fraise Victoria, à fruit peu coloré mais excellent.

Les fraisiers, comme on sait, émettent de longs rameaux stériles, que l'on nomme *coulants* ou *filets* et qui, s'enracinant par place, servent de moyen de multiplication.

Pour propager les fraisiers, on détache, dès juin et juillet, les premiers filets et on les plante en planches à $0^m,10$ en tous sens. On arrose souvent pour que l'enracinement se fasse bien. Ces plants ainsi préparés seront, en septembre et octobre, mis en place et fructifieront dès l'année suivante.

Il faut, entre les plants, conserver une distance suffisante, $0^m,40$ au moins sur les lignes et $0,35$ entre celles-ci. Le plus souvent on plante deux plants l'un à côté de l'autre. Le sol, dans lequel se fait la mise en place, doit être bien fumé et ne pas avoir porté de plants de fraisiers depuis quelques années.

Dès le printemps, on paille pour que les fruits ne se salissent pas et on arrose souvent. On a soin d'enlever tous les filets qui épuiseraient inutilement les pieds qui les produisent.

Une plantation de fraisiers peut utilement occuper le sol trois ou quatre ans ; après quoi on l'arrache.

Fraises de tous les mois.

Le meilleur moyen de propagation de ces variétés est le semis, mais il est d'une pratique peu

Fig. 77. — Fraise Gaillon sans filets.

facile, et le mieux dans les petits jardins est de s'en tenir à la multiplication par filets ou par division de touffes pour les variétés qui ne donnent pas de filets, comme la *fraise Gaillon* (fig. 77), dont les fruits sont blancs ou rouges, et qui est d'un usage recommandable pour les petits jardins.

La culture de ces petites fraises est la même que celle des variétés à gros fruits.

Il convient de ne jamais planter les fraises en bordures, où le sable des allées souille les fruits et où les arrosages sont difficiles à donner, d'une façon efficace du moins.

On prolonge la fructification des petites fraises en recouvrant les plantations de châssis, à l'automne.

En mettant les châssis au printemps et les munissant de réchauds, on peut gagner un mois et obtenir ainsi des produits de primeur. Dans ce cas, ce sont surtout les variétés à gros fruits que l'on cultive.

QUATRIÈME PARTIE

ARBORICULTURE FRUITIÈRE

L'arboriculture fruitière est une des parties de l'horticulture dont les notions intéressent le plus grand nombre d'amateurs. Quiconque a un jardin veut cultiver lui-même ses arbres fruitiers, afin d'avoir la satisfaction de récolter de ses fruits, venus sous ses yeux, par ses propres soins.

Cependant l'enseignement de cette division du jardinage exige des détails se rapportant à chaque espèce cultivée. On a écrit des livres entiers sur chacune d'elles, souvent même sur chaque détail de leur culture (1). Dans le cadre restreint que nous nous sommes imposé, ne peut donc naître en notre esprit, la prétention d'enseigner en quelques pages toutes les finesses du métier.

Nous nous contenterons donc de donner quel-

---

(1) J.-A. Hardy, *Traité de la taille des arbres fruitiers*. — Ch. Baltet, *Traité de la culture fruitière*. — Delaville, *Cours pratique d'arboriculture fruitière*.

ques indications générales ou spéciales dont nous nous efforcerons de rendre les notions aussi claires que possible. Plus tard, les amateurs qui voudront se spécialiser rechercheront, dans des livres spéciaux, les détails complémentaires dont ils pourront avoir besoin.

PLANTATION — CHOIX DES ARBRES — LEUR FORME

Quand il s'agit de cultiver des fleurs ou des légumes, il est à peine besoin de s'occuper de la nature du sol, car les façons culturales et les engrais peuvent rapidement modifier, s'il y a lieu, la couche de faible épaisseur dans laquelle ces végétaux plongeront leurs racines. Il n'en est pas de même dans la culture des arbres fruitiers.

Leurs racines s'étendent au loin et il devient dès lors indispensable : ou bien d'approprier l'essence cultivée à la nature du sol, ou bien de modifier ce sol lui-même.

Dans tous les cas, il est de toute importance de rendre le terrain propre, non pas seulement à la reprise de l'arbre, mais à pourvoir pendant de longues années aux besoins de sa vie et de son développement.

Pour ces raisons il est capital d'apporter à la plantation des arbres tous les soins possibles. De là dépend souvent le succès à venir.

Quel que soit le sol dans lequel on veuille faire

la plantation, et fût-il de qualité irréprochable, il est de toute nécessité de l'ameublir, souvent aussi de le fumer, afin que les arbres puissent bien se développer pendant une longue suite d'années. Aussi toute plantation doit-elle être préparée par un travail de *défoncement*, qui consiste à remuer la terre jusqu'à une profondeur d'au moins $0^m,70$ ou $0^m,80$.

Si les arbres que l'on veut planter doivent être placés très près les uns des autres, on a intérêt à faire un défoncement continu. Que si, au contraire, on plante des arbres à quelques mètres les uns des autres, il est préférable, ou tout au moins plus économique, de n'ameublir le sol qu'aux endroits où les arbres doivent être plantés. On trace dans ce cas un carré auquel on donne au minimum 1 mètre à $1^m,20$ de côté, et on en sort toute la terre jusqu'à la profondeur indiquée. Si celle-ci est de bonne qualité, on la remet à nouveau en brassant le tout, mais si, au contraire, dans le fond se trouve un sol absolument infertile, il est nécessaire de l'enlever et de le remplacer par de la terre prise ailleurs, dans les allées par exemple.

Quand on agit par défoncement continu et que la tranchée a une largeur de quelques mètres, on ouvre une jauge qui aura de suite toute la profondeur de la tranchée et on transporte la terre à l'autre extrémité. On abat ensuite le sol devant soi et on le rejette dans la tranchée sans l'en sortir s'il est de bonne qualité. Arrivé au bout de la tranchée, on se sert de la terre transportée là, pour reboucher la jauge.

Il ne faut pas oublier que la terre remuée foisonne et que si, étant de mauvaise qualité, ou a eu à en enlever et à en rapporter, il faudra prévoir le tassement qui s'effectuera et recharger la tranchée d'environ 0^{m},10 plus haut que le sol environnant non remué. S'il y a lieu, on profite de cette fouille pour incorporer au sol des engrais divers.

Il est utile de faire ce travail préparatoire quelque temps avant que de procéder à la plantation, afin de laisser au sol le temps de se tasser.

Il est plusieurs moments de l'année où la plantation peut être faite : la fin de l'automne, l'hiver et le printemps sont souvent indiqués comme étant propres à cette opération. Il est cependant à conseiller de faire la plantation, quand on le peut, surtout à l'automne, de bonne heure; dès que les feuilles commencent à tomber, on peut planter, et les arbres alors auront devant eux une longue période pour se fixer au sol par ce travail incessant des racines, qui s'effectue même en hiver, si bien qu'au printemps ils partent vigoureusement.

Il importe beaucoup, afin de mettre toute chance de succès de son côté de ne planter que des arbres arrachés avec soin et dont les racines n'ont pas eu à souffrir d'une trop longue exposition à l'air. Aussi est-il à conseiller de ne jamais acheter des arbres sur les marchés, mais de s'adresser directement à un pépiniériste de confiance.

Les racines des arbres sont sensibles au froid; si donc il gèle il convient de surseoir à la plantation.

Avant de procéder à la mise en place, on inspecte les racines, et s'il en est de brisées ou d'autres d'ont l'extrémité est irrégulièrement coupée, il est utile d'opérer une section nette qui donnera lieu à une cicatrisation rapide.

Quand on veut planter un arbre, on ouvre dans le sol défoncé un trou de dimension suffisante pour que les racines s'y logent aisément. Puis y plaçant l'arbre que l'on maintient vertical, on projette sur les racines, de la terre menue que l'on peut utilement additionner d'un quart de terreau. À l'aide d'un bâton ou de la main, on fait glisser la terre entre les racines. C'est une pratique vicieuse que de secouer l'arbre à la main aussi bien que de le piétiner énergiquement. On foule un peu le sol et un arrosoir d'eau que l'on versera au pied achèvera d'entraîner la terre entre les radicelles. Cet arrosage ne peut naturellement être fait que si les gelées ne sont pas à craindre.

Il importe que les racines soient bien recouvertes sans que cependant l'arbre soit trop enterré. C'est ainsi qu'il convient que le point où la greffe a été faite, et que l'on reconnaît par la présence d'un bourrelet, ne soit enterré, sous peine de voir l'arbre *s'affranchir*, c'est-à-dire émettre des racines au point de greffe.

On trouve dans les pépinières des arbres tout formés, mais il est bon de n'y avoir que modérément recours et de choisir de préférence des arbres jeunes, greffés l'année précédente, qui ont le double avantage de coûter moins cher et d'offrir plus de garanties de reprise. Dans tous les cas, l'arbre devra provenir d'une pépinière fertile où ses rameaux se seront vigoureusement développés et où il aura pu former de bonnes racines.

Achetant ainsi de jeunes arbres, on est forcément amené à leur donner soi-même une forme
déterminée. Et d'abord est-il nécessaire de donner
aux arbres une forme régulière? On peut sans hé-
sitation répondre par l'affirmative. Non pas qu'il
faille rechercher des formes compliquées et inutilement difficiles, tant s'en faut, mais que, du
moins, l'on doive amener une régularité suffisante
pour que les branches soient de vigueur aussi
égale que possible, que toutes profitent d'un éclairage et d'une aération suffisante et qu'enfin il y
ait le moins de place perdue.

Les formes que l'on peut donner aux arbres sont
infiniment multiples et variables aussi suivant les
essences; nous indiquerons en parlant de chacune
d'elles quelles sont celles qui conviennent le
mieux et quels sont les moyens qui permettent de
les obtenir.

On divise toutes les formes des arbres en grandes
et en petites formes; ces dernières, comme le nom
l'indique, exigent moins de place, ce sont donc
celles que l'on devra employer de préférence dans
les petits jardins.

Toutes ces formes se rapportent à trois catégories différentes :

1° *Les espaliers.* — On comprend sous ce nom
tous les arbres qui sont appliqués sur la surface des
murs et en reçoivent la protection et l'abri. C'est
toujours dans cette situation que l'on obtient les
plus beaux fruits. On ne doit donc jamais négliger
d'utiliser la surface des murs. Pour que les murs

soient vraiment utiles, il est indispensable qu'ils
soient munis d'*abris*, c'est-à-dire d'une sorte de
toit mobile, qui fait saillie au devant du mur d'environ 0^m,40. Ces abris peuvent être des planches
ou des paillassons que l'on enlève ou que l'on re-
place suivant les cas ;

2° *Les contre-espaliers.* — Ce sont des cultures
d'arbres que l'on abrite rarement, mais qui sont
maintenus dans une position fixe à l'aide de fils
de fer tendus ;

3° *Les arbres de plein vent*, qui sont tous les
arbres qui ne réclament aucun abri. Dans les petits
jardins ces formes ont le moins de raison d'être à
moins que dans des conditions particulières on ne
les mélange aux arbres formant massif dans le
jardin d'ornement.

Quel que soit le mode de culture que l'on ait
choisi, quels que soient aussi les arbres que l'on
veuille cultiver, la forme des arbres devra être
avant tout essentiellement simple. Les arbres fruitiers doivent être faits exclusivement pour donner
des fruits, et il faut arriver à ce but par les procédés les plus faciles et les plus pratiques. Nous
n'indiquerons donc, en parlant de chaque espèce,
que les formes les plus simples, laissant volontai-
rement dans l'oubli toutes celles qu'inspire la fan-
taisie.

Un des points les plus importants de la culture
des arbres est assurément la taille. Que de fois

a-t-on discuté la question de savoir s'il faut ou non tailler les arbres. Il faut la poser, afin d'essayer de la résoudre ou tout au moins de l'éclaircir.

On entend dire souvent : Tailler! mais c'est le bon moyen pour abîmer ses arbres. Et d'aucuns citent des exemples montrant que des arbres longtemps soumis à la taille ne fructifiaient pas et qu'ils se sont mis à produire dès qu'on les a abandonnés à eux-mêmes.

Cela ne prouve qu'une seule chose, c'est que ceux-là ne savaient pas tailler leurs arbres. Et assurément quand on ne sait pratiquer cette opération, on peut faire à l'arbre un tort considérable et l'empêcher même de fructifier. Par contre, quand on veut bien se donner la peine de faire de la taille méthodique, on en obtient les plus heureux effets, et les principaux avantages sont dès lors de hâter la fructification, de la rendre uniforme et soutenue et d'accroître par suite la qualité des fruits.

Les méthodes de taille varient d'un arbre à l'autre; il est donc peu utile d'indiquer à cet égard des règles générales qui ne sauraient trouver place ici. Chacune des tailles est indiquée dans ses traits principaux, du moins, aux chapitres consacrés à chaque arbre fruitier.

VIGNE

La vigne est l'arbre fruitier dont la culture est peut être la plus simple. Elle présente un très grand intérèt, car les fruits sont par tout le monde recherchés et peuvent, quand on sait s'y prendre, se conserver longtemps.

Les meilleures variétés à cultiver sont :

Chasselas doré ou de Fontainebleau ;
Chasselas rose ;
Frankenthal, gros grains noirs, maturation tardive ;
Boudalès, gros grain noir ;
Madeleine royale, noir hâtif.
Muscat blanc ;
Muscat noir.

Multiplication. — Plantation.

La vigne se multiplie dans la pratique courante, par deux moyens : la bouture et la marcotte. On fait des boutures simples ayant cinq à six yeux ou mieux des boutures en crossettes (fig. 10). Les unes et les autres ne donnent des plants bons à être mis en place que la troisième année.

La marcotte simple donne des résultats infiniment plus rapides en ayant soin de marcotter en pot où en panier. On peut mettre en place ces plants qui fructifient de bonne heure. On se sert souvent de ce couchage pour remplacer, à l'aide d'un rameau vigoureux, un plant manquant.

La vigne est fort peu exigeante pour ce qui est de la nature du sol ; elle vient à peu près dans tout terrain, pourvu que celui-ci soit perméable et sain. Par contre, elle exige une bonne exposition. Le sud, le sud-est lui conviennent.

On ne peut planter la vigne que de bonne heure à l'automne ou bien après l'hiver. Le mieux est de planter des plants en pots ou en paniers, car la reprise est longue et difficile si les racines ne sont pas en bon état.

La vigne doit, sous le climat de Paris, être exclusivement cultivée en espalier, si l'on veut obtenir de beaux fruits. Cependant, quand on plante la vigne, il convient de ne point la placer de suite contre le mur, mais de l'en éloigner d'au moins $0^m,50$. Quand la vigne sera reprise, on couchera le sarment en l'enterrant dans le sol, et on le fera ainsi venir au pied du mur ; toute la partie enterrée va se couvrir de racines et la vigueur de la vigne sera accrue d'autant. Quand on plante des vignes en pots ou en paniers et que le sarment est vigoureux on peut, à la rigueur, faire le couchage de suite, on gagne une année.

Formes.

La forme la meilleure à donner à la vigne est celle des *cordons verticaux*. Dans ce cas, chaque cep se compose simplement d'une seule branche de charpente verticale qui porte de chaque côté, depuis la base jusqu'au sommet, des rameaux latéraux donnant des fruits et que l'on nomme *coursonnes*. Si le mur ne dépasse pas deux mètres de haut, tous ces cordons se ressemblent. On laisse entre chaque une distance de $0^m,60$. Que si, au contraire, le mur est plus élevé, on le garnit plus rapidement et l'on obtient des vignes plus vigoureuses en modifiant ce système. Dans ce cas, on plante la vigne à 0^m,30, puis alternativement une des vignes ne portera pas de coursons dans le bas,

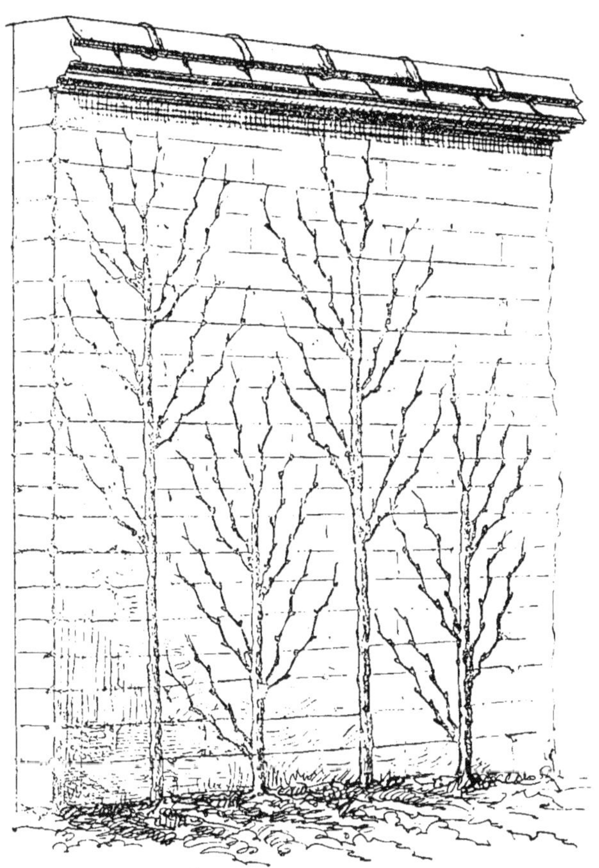

Fig. 78. — Vigne en cordons alternés.

mais s'élèvera de suite au-dessus de la moitié de la hauteur du mur, tandis que la seconde vigne, inversement, n'occupera, garnie de coursonnes, que la moitié inférieure du mur. Ainsi les numéros impairs 1, 3, 5, etc., fileront de suite dans la région haute et garniront la partie supérieure et, au contraire, les pieds 2, 4, 6, etc., seront palissés sur le bas (fig. 78).

Dans la vigne, les bourgeons sont alternes et distiques, c'est-à-dire qu'ils sont tous, pour un même rameau, sur deux lignes longitudinales. On dispose, quand on plante, le rameau de telle façon que les bourgeons soient les uns à droite, les autres à gauche.

Taille.

Quand la vigne est, par le couchage, ramenée au pied du mur, le rameau qui émerge du sol est taillé, à la fin de l'hiver, au-dessus du troisième œil. Généralement tous les trois vont se développer. Le plus inférieur sera enlevé comme étant trop rapproché du sol. Dès que le second bourgeon aura atteint environ $0^m,40$ de long, on en coupera l'extrémité et on la retiendra contre le mur, soit à l'aide d'un lien si le mur est garni de treillage, soit au moyen d'un clou et d'une loque de drap. Le troisième bourgeon qui est terminal, sera redressé dans la position verticale et non pincé.

L'année d'après, on taillera chacun des deux rameaux. Celui qui est terminal conservera trois ou quatre yeux qui, lors de leur développement en bourgeons seront traités comme il vient d'être dit, c'est-à-dire que les latéraux seront pincés. Souvent, dès après cette seconde taille, ils porteront fruits. On laissera à chaque rameau une ou deux grappes, et on pincera à deux ou trois feuilles au-dessus. Si le bourgeon, issu à l'aisselle de la dernière feuille se développe dans le courant de l'été, on le pincera à nouveau. Le bourgeon terminal, qu'il porte grappe ou non, ne sera pas pincé. Ainsi seront traitées toutes les productions provenant du rameau terminal.

Pour ce qui est du rameau latéral qui avait été pincé l'année précédente, on le taillera au-dessus du deuxième œil. Il en résultera deux bourgeons qui pourront, tout les deux, porter fruit, auquel cas on les conservera. Sinon, on pourra supprimer l'un des deux, le plus éloigné du cep.

Les années suivantes la taille va sans cesse être la même. Voici comment elle sera conduite : le rameau terminal sera traité comme il a été dit, il n'y a pas à y revenir. Pour ce qui est des productions latérales, celles qui sont simples seront taillées à deux yeux, quand elles sont doubles on supprime totalement la plus éloignée et l'on taille l'autre à deux yeux. Ainsi s'établissent les coursonnes. Il convient qu'elles ne soient pas trop rapprochées les unes des autres. Il faut laisser entre chaque une distance d'au moins $0^m,25$.

Dans le cas des cordons alternes, ceux qui doivent garnir la partie supérieure du mur sont de suite taillés, le plus long possible ; ce n'est que lorsqu'ils seront arrivés au point voulu qu'on les traitera comme il a été dit.

Les opérations à faire pendant l'été consistent à ébourgeonner, c'est-à-dire enlever, dès qu'ils se produisent, tous les bourgeons inutiles ; à pincer les rameaux latéraux et à les palisser; à les débarrasser des vrilles et des rameaux anticipés qui se développent après le pincement.

Pour favoriser la maturation des grappes on fait souvent, à l'aide d'une pince spéciale, une incision annulaire qui consiste à enlever un anneau d'écorce sur le rameau, au-dessous du point où s'insère la grappe.

Quand les grains sont de la grosseur d'un pois, on fait le *cisellement* de la grappe. A l'aide de ciseaux à pointe mousse on enlève tous les grains les plus petits, de façon à éclaircir la grappe. Ceux qui restent deviendront plus gros et mûriront mieux. S'il y a trop de grappes on en enlève, le mieux est de n'en laisser qu'une par rameau, dans tous les cas, jamais plus de deux.

Maladies.

La vigne est attaquée par de nombreuses maladies, dont les deux principales sont connues sous les noms vulgaires d'*oïdium* et de *mildew*. La première se combat par le soufrage. A l'aide d'un soufflet spécial on répand : 1° au moment de l'apparition des premières feuilles; 2° avant la floraison; 3° quand le grain est à demi formé, de la fleur de soufre sur les grappes et les feuilles. Il faut, chaque année, pratiquer ce soufrage que l'on voie ou non apparaître les premières traces de maladie.

Le mildew qui a pour effet de faire tomber les feuilles et d'empêcher la maturation des grappes, se combat par la pulvérisation sur les feuilles d'eau contenant 1 p. 100 de sulfate de cuivre ou couperose bleu du commerce.

Pour préserver le raisin contre l'attaque des guêpes qui causent de grands ravages, on suspend des flacons contenant de l'eau sucrée où les insectes viennent se noyer.

Conservation du raisin.

Quand on veut s'en donner la peine on peut aisément conserver du raisin en parfait état pen-

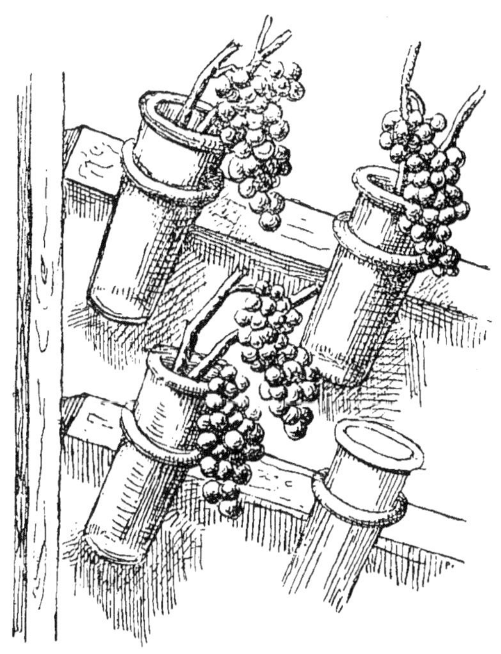

Fig. 79. — Conservation du raisin.

dant une grande partie de l'hiver. Posons, dès l'abord, en principe, que la conservation ne peut porter que sur des raisins très mûrs et dont le développement et la maturation ont été aidés par le cisellement.

Les grappes que l'on veut conserver sont coupées avec le sarment qui les porte, un œil au-dessus du point d'insertion de la grappe et deux ou trois yeux au-dessous. Disposant autour du mur d'une pièce à température aussi constante que possible, ni sèche, ni humide, des flacons pleins d'eau additionnée de quelques fragments de charbon de bois, on y fait tremper le bout des sarments (fig. 79). De temps à autre on enlève les grains pourris. Les raisins restent frais et non ridés pendant une grande partie de l'hiver.

POIRIER

Le poirier est assurément celui de nos arbres fruitiers qui est le plus abondamment cultivé, et cela, non sans raison. Les variétés sont en effet tellement nombreuses et tellement différentes aussi, que l'on peut avoir de ces fruits d'un bout à l'autre de l'année. Si l'exiguité du jardin ne permet pas la culture de tous les arbres fruitiers, le poirier sera, dans tous les cas, un de ceux auquel on donnera la préférence.

Choix des variétés.

Il importe beaucoup de ne cultiver que les meilleures variétés et de les choisir de telle sorte que l'on ait des maturations successives. Nous nous contenterons d'en citer les noms et d'indiquer l'é-

Fig. 80. — Poire William.

poque de maturation, renvoyant, pour la description, aux livres spéciaux :

Poires d'été

Doyenné de juillet, mi-juillet.
Epargne, fin juillet.
William (fig. 80), août.
Beurré d'Amanlis (fig. 81), août-septembre.
Doyenné de Mérode, septembre.

Poires d'automne

Beurré Hardy, fin septembre.
Beurré Capiaumont, octobre.
Louise bonne d'Avranches, octobre.
Duchesse d'Angoulême (fig. 82), octobre à décembre.
Triomphe de Jodoigne, octobre.
Beurré Diel (fig. 83), novembre à décembre.

Poires d'hiver

Beurré d'Hardempont, novembre à janvier.
Passe-Colmar, novembre à janvier.
Saint-Germain d'hiver (E), décembre à mars.
Doyenné d'hiver (E) (fig. 84), janvier à avril.
Bergamotte Esperen, février à mai.
Bon-chrétien d'hiver (E), mars à juin.

Les variétés marquées d'un (E) sont celles qui ne peuvent être cultivées qu'en espalier. Toutes les autres variétés se trouvent très bien de ce même mode de culture, mais peuvent aussi être cultivées à l'air libre.

Multiplication. — Choix du sol.

Toutes les variétés de poirier que l'on cultive sont exclusivement multipliées au moyen de la greffe. La greffe en écusson à œil dormant est celle qui est, à beaucoup près, la plus suivie.

On greffe sur *poirier franc* ou sur *cognassier*.

Il faut planter des poiriers greffés sur franc quand le terrain dont on dispose est profond, argilo-siliceux, plutôt sec qu'humide. Au contraire, on donne la préférence au poirier sur cognassier quand

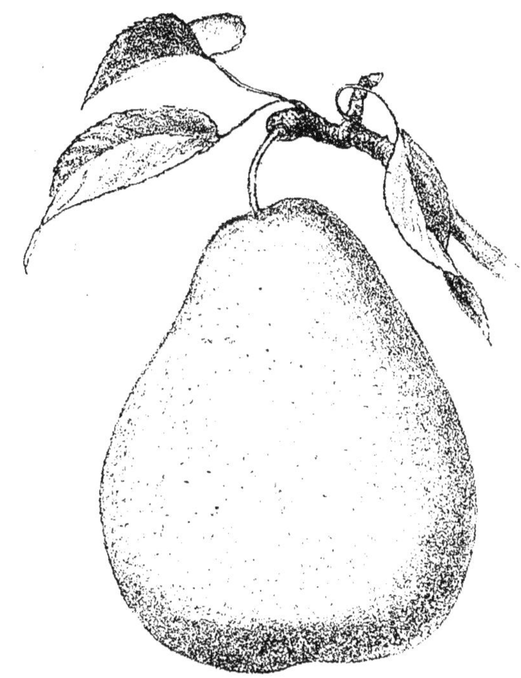

Fig. 81. — Beurré d'Amanlis.

on a un terrain peu profond, siliceux, frais. Sur cognassier, le poirier reste moins vigoureux; cette greffe convient donc aux petites formes, tandis que celle faite sur franc est indiquée dans la culture des arbres à tiges.

Formes.

On peut, dans les petits jardins, planter sans inconvénient quelques poiriers à tiges dans la partie

d'agrément, sur un gazon, dans les massifs de bois.
Ces arbres sont alors à peine taillés et, à la condition de choisir des variétés rustiques, on peut en
obtenir un bon produit; mais cette forme ne peut

Fig. 82. — Duchesse d'Angoulême.

être employée qu'accessoirement, pourrait-on dire,
et la plupart des variétés devant être soumises à
la taille seront cultivées soit en espalier, soit en
contre-espalier, ou même en forme de plein air,
mais, dans tous les cas, de dimensions réduites
afin de permettre de multiplier les variétés sur une
faible surface.

La forme la plus simple que l'on puisse appliquer aux poiriers d'espalier est celle de *cordons*. Ceux-ci ont une direction verticale ou oblique. Un cordon se réduit à une seule branche de charpente garnie dans toute sa longueur de ramifications fruitières.

Une forme un peu plus compliquée, mais don-

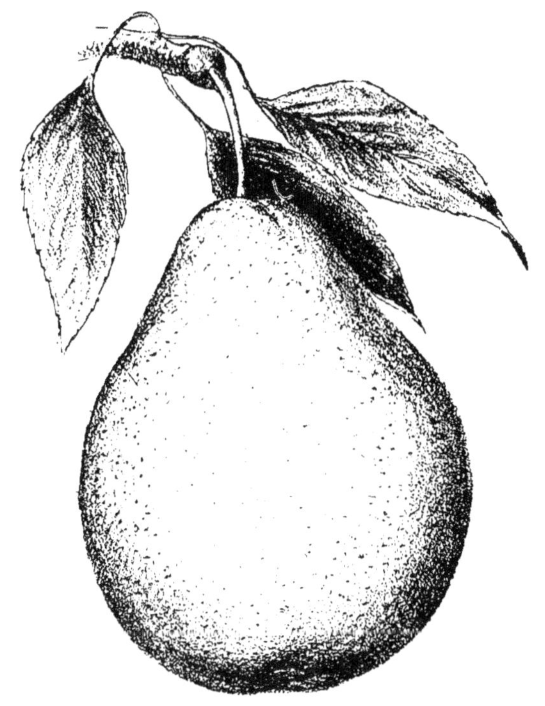

Fig. 83. — Beurré Diel.

nant encore de très bons résultats tout en restant d'une formation et d'une conduite facile, est la *palmette* à quatre ou six branches (fig. 85).

Voici comment on procède à sa formation :

L'arbre planté est une greffe d'un an, réduit donc à un simple rameau vigoureux. On choisit à

environ 0^m,30 du sol deux yeux sensiblement op-
posés et situés l'un à droite, l'autre à gauche. Au-
dessus de ces deux yeux devra s'en trouver un
troisième, situé en avant. On taille au-dessus de
ce troisième œil.

Au printemps, chacun de ces yeux va se dé-

Fig. 84. — Doyenné d'hiver.

velopper; on en favorisera l'élongation en enlevant
tout autre bourgeon qui se pourrait produire. Si un
des deux bourgeons latéraux se développe plus
vigoureux que l'autre, on en diminuera la vigueur
en le palissant dans une situation horizontale et
en redressant au contraire celui qui est moins vigoureux. On peut encore agir dans le même sens

en faisant, à l'aide d'une serpette, une incision *au-dessus* du rameau le plus faible, ou *au-dessous* de celui qui est trop vigoureux. Ces simples procédés suffisent généralement pour arriver à maintenir l'équilibre entre les deux branches. S'ils

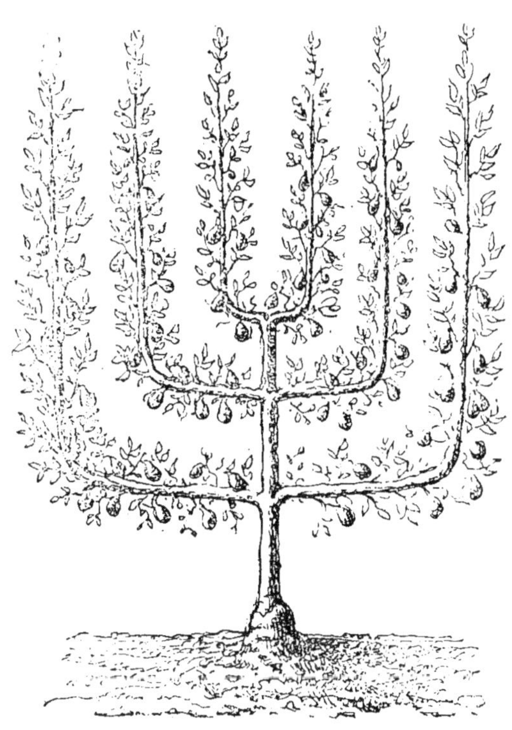

Fig. 85. — Poirier en palmette à six branches.

étaient insuffisants, en pinçant l'extrémité du rameau trop vigoureux, on achèverait d'en maîtriser le développement.

A la taille suivante, on sectionnera l'extrémité de chacune des branches latérales à égale longueur si leur vigueur est la même, ou bien, si elle est

inégale, on laissera plus longue celle qui est moins
forte. Pour ce qui est de la branche provenant du
rameau du milieu, s'il s'agit de faire une palmette

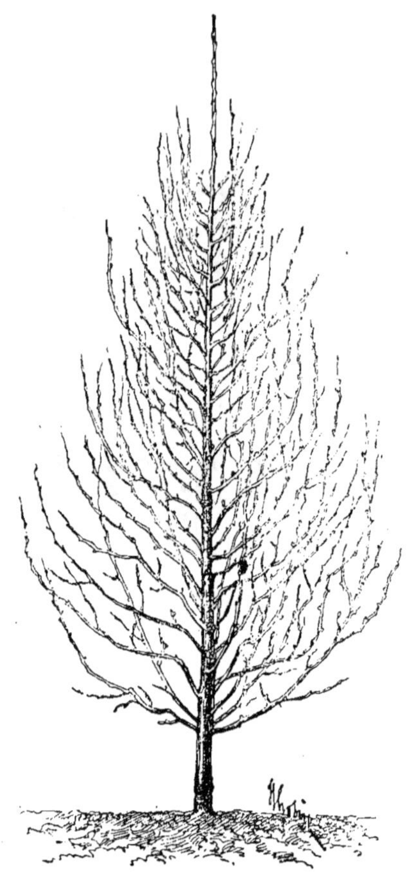

Fig. 86. — Poirier en cône ou pyramide.

à six branches, on choisira, comme on l'a fait
l'année d'avant, deux yeux latéraux situés à 0^m,30
au-dessus des premières branches, et un œil en
avant pour continuer l'élongation de la tige et

obtenir, la troisième année, le troisième étage; que si, au contraire, la palmette doit rester à quatre branches, on se contentera de choisir les yeux chargés d'établir le second étage, et l'on sectionnera au-dessus de ce point. Les branches devront rester bien parallèles et distantes les unes des autres de 0^m,30.

Si donc on plante en cordon simple, les poiriers seront plantés à 0^m,30 les uns des autres.

Dans le cas des palmettes à quatre branches, à quatre fois 0^m,30, c'est-à-dire à 1^m,20.

Enfin, pour les palmettes à six branches, six fois 0^m,30, soit 1^m,80.

Ces mêmes formes peuvent convenir aux contre-espaliers. Les branches sont maintenues en position fixe à l'aide de fils de fer tendus sur des pieux en bois ou mieux en fer.

Dans les petits jardins il n'est guère pratique d'établir de grandes formes, telles que les *cônes* ou *pyramides* (fig. 86) dont la création longue présente quelques difficultés et qui ont de plus l'inconvénient d'exiger beaucoup de place. Si donc on veut cultiver les arbres à l'air libre, on choisira des formes simples telles que les *colonnes* qui sont des sortes de cordons verticaux garnis dans toute leur longueur de rameaux fruitiers.

Taille et pincement.

Quelle que soit la forme que l'on ait adoptée, quelle que soit la situation dans laquelle on place les arbres, la taille destinée à aider à la formation des productions fruitières est toujours sensiblement la même. Nous allons essayer d'en indiquer, sinon tous les détails, ce qui nous entraînerait beaucoup trop loin, du moins les traits principaux.

Si l'on ne taillait pas une branche de charpente, on verrait qu'elle se comporterait de façon différente, suivant la situation qu'elle occupe. Si cette branche est verticale, seuls les yeux situés au sommet de la branche se développeront; ceux de la base resteront stationnaires. Dans le cas d'une branche oblique, le nombre des yeux qui ne se développeront pas sera moins grand. Enfin, pour une branche horizontale, même les yeux de la base pourront se développer, quitte à rester très chétifs. Or un des buts de la taille est de rendre les branches de charpentes uniformément garnies de rameaux latéraux qui porteront fruit. On en déduira donc cette règle très générale, et qui s'appliquera à tous les arbres fruitiers, à savoir : que pour avoir des branches bien garnies, il faudra les tailler d'autant plus court que ces branches seront dans une situation qui se rapprochera plus de la verticale.

Ceci dit, nous nous occuperons seulement des rameaux placés verticalement, laissant à chacun faire la part des choses et modifier, en plus ou en moins, suivant la vigueur de la branche et sa position.

Quand une branche de charpente est taillée vers les deux tiers ou la moitié de la longueur, on voit que tous les bourgeons qui se développent auront un sort variable. Ceux de la base vont s'allonger à peine; ils porteront deux ou trois feuilles; on verra que l'année suivante ils pousseront encore très peu et auront seulement quelques feuilles de plus. Il n'y a pas lieu de les tailler, car d'eux-mêmes ils se termineront bientôt par un *bouton* à fleur.

Les bourgeons placés plus haut auront une vigueur plus grande, et si on les laissait faire, ceux situés près du sommet se développeraient à l'égal du bourgeon terminal, qui seul a le droit de grandir, puisqu'il doit prolonger la charpente. Il faudra arrêter le développement trop grand de ces bourgeons par un *pincement.*

On pince le poirier dès que les bourgeons ont huit ou dix feuillles, c'est-à-dire une quinzaine de centimètres de long; à l'aide des ongles, on en enlève l'extrémité. Les bourgeons peu vigoureux restent stationnaires. Ceux au contraire situés à l'extrémité de la branche émettent bientôt de nouveaux prolongements nés à l'aisselle de la ou des feuilles situées près du point où a été fait le pincement. Dans ce cas on pince ces nouveaux prolongements plus court cette fois, et l'on renouvelle encore l'opération s'il y a lieu.

Après la chute des feuilles, pendant l'hiver, mais alors qu'il ne gèle pas, on taillera à l'aide du sécateur tous les rameaux qui ont dû être pincés. La taille consistera à couper chaque rameau au-dessus de trois yeux bien formés. Nous disons bien formés, car ceux situés à la base des feuilles

les plus inférieures ne comptent pas, impropres qu'ils sont à se développer.

Chacun de ces rameaux, taillé à trois yeux, pourra avoir un sort variable, suivant l'état de sa vigueur. Voici les cas principaux qui se peuvent présenter :

1° Le rameau est peu vigoureux et, seul des trois yeux, celui de l'extrémité s'allonge fort; les autres forment des petites rosettes de feuilles et se transformeront d'eux-mêmes en production fruitière; il n'y a rien à leur faire. Le terminal, plus vigoureux, sera pincé puis taillé comme il a été dit précédemment.

2° Le rameau le plus vigoureux produit deux bourgeons que l'on sera obligé de pincer. Seul l'œil le plus inférieur va se changer en production fruitière. Lors de la taille, celui des deux rameaux qui est le plus éloigné sera supprimé totalement; le second sera taillé à trois yeux.

3° Le rameau étant très vigoureux, les trois rameaux se développent. On les pince plusieurs fois s'il y a lieu. A la taille, on ne conserve que le plus rapproché, qui sera de nouveau taillé à trois yeux.

Il ne faut pas ignorer qu'un rameau qui, court et trapu, a porté fruit, est susceptible de fructifier à nouveau les années suivantes; il ne faut donc pas l'enlever; il deviendra ce que l'on nomme une *bourse* et produira, soit des rameaux courts nommés *lambourdes*, soit des rameaux grêles terminés par un bouton à fleur nommés *brindilles*.

Ainsi la fructification du poirier se localise et, quand un arbre commence à porter fruit, on peut être assuré de nombreuses récoltes à venir. Souvent on est obligé d'enlever des boutons à fruits quand ils sont trop nombreux.

Pour les arbres vigoureux qui ne veulent porter fruit, un bon moyen de contrainte consiste à placer sur les branches des greffes de *bouton à fruit* que l'on applique à la façon des greffes en écusson; on obtient ainsi de très beaux produits.

Maladies.

Les feuilles du poirier sont souvent attaquées par diverses maladies parasitaires que l'on combat en appliquant une pulvérisation d'eau contenant 1 p. 100 de sulfate de cuivre.

Les rameaux et les branches se couvrent dans certaines circonstances d'insectes qui nuisent énormément à la végétation. On les détruit en appliquant au pinceau, en hiver, un lait de chaux dans lequel on a mis du pétrole émulsionné dans de l'eau de savon; il ne faut pas qu'il y ait plus de 5 p. 100 de pétrole, et encore convient-il de ne pas appliquer le mélange sur les boutons à fleurs.

Certaines variétés de poires se fendent quand le fruit commence à grossir; c'est le résultat d'une maladie appelée *tavelure* que l'on combat par des abris placés sur les espaliers et l'application de la solution de sulfate de cuivre.

Récolte.

Les poires doivent toujours être récoltées avant

que, complètement mûres, elles se détachent et
tombent. Quand, pour les poires d'été et d'automne,
on voit la maturation approcher, on récolte et on
range les poires dans une chambre à température
constante et peu élevée. Les poires d'hiver sont
récoltées le plus tard possible, mais toutefois avant
qu'il ne gèle.

POMMIER

Le pommier est un arbre peu exigeant et qui,
pour cette raison, se recommande aux amateurs.
Son fruit, moins estimé d'une façon générale que
celui du poirier, peut cependant acquérir une valeur réelle quand on cultive de bonnes variétés. Il
a le mérite d'une conservation longue et facile.

Multiplication. — Choix du sol.

On multiplie le pommier par la greffe en écusson
ou en fente. Cette greffe est appliquée sur *pommier
franc*, qui est une espèce vigoureuse. Ce sera donc
l'essence qu'il faudra choisir quand on voudra
avoir des arbres de hautes tiges. Greffé sur *doucin*,
il a une vigueur un peu moindre. Mais pour la
culture du petit jardin, il faut avant tout donner
la préférence à la greffe sur *paradis*, qui permet

de maintenir les arbres dans des formes exiguës,
le pommier paradis étant peu vigoureux.

Le pommier est assez peu exigeant quant au

Fig. 87. — Pomme Reine des reinettes.

choix du sol, à la condition que celui-ci ne manque
pas d'humidité. Pour cette raison, les terres argilo-
calcaires et argilo-siliceuses lui conviennent bien.
Il vient dans toute terre de jardin, surtout quand
il est greffé sur paradis.

Choix de variétés.

Nous n'indiquerons, parmi les très nombreuses variétés, que les meilleures, celles qui sont vraiment recommandables comme fruits de table.

Pommes d'automne

Transparente de Croncels, août-septembre.
Rambour d'été, septembre.
Grand-Alexandre, octobre à décembre.
Reine des reinettes (fig. 87), novembre à janvier.

Pommes d'hiver

Belle-fleur jaune, décembre à février.
Reinette du Canada, décembre à mars.
Calville blanc (fig. 88), janvier à avril.
Api rose, janvier à mai.
Jacquin, se conserve d'une année à l'autre.

Formes à donner aux pommiers.

On peut, comme pour le poirier, planter quelques arbres à tiges, Rambour ou Reinettes dans le jardin d'agrément, et ne pas les soumettre à la taille; mais la vraie culture du pommier dans les jardins est faite en petites formes.

Ce sont des cordons verticaux ou obliques comme pour le poirier que l'on peut palisser le long d'un mur ou que l'on dispose en contre-espaliers. Ce peuvent être encore des arbres disposés en colonnes. Enfin le pommier s'accommode très bien d'une disposition spéciale qui est celle des *cordons horizontaux*.

Elle consiste à tendre, à 0^m,50 au-dessus du sol, une ligne de fil de fer et à y attacher des pom-

Fig. 88. — Pomme Calville blanc.

miers. On plante dans ce cas les pommiers tous les 2^m,50 à 3 mètres, puis on les coude à angle droit, ce que l'on fait aisément en se servant du genou et en employant des arbres jeunes, greffés de l'année précédente, et appelés *scions*.

Au bout de peu d'années, les cordons se rejoignent; on peut alors, par une greffe par approche, fixer l'extrémité de l'un sur le commencement du suivant et si, la greffe étant reprise, le cordon est trop vigoureux, on peut couper un pied sur deux; le cordon n'en continuera pas moins à vivre dans toute sa longueur. On établit ces cordons au bord des allées du jardin fruitier. Sans inconvénient, on peut superposer, à $0^m,30$ les uns au-dessus des autres, plusieurs cordons horizontaux.

Les pommiers s'accommodent bien d'exposition relativement médiocre, telle que celle du nord-est ou du nord-ouest; on peut donc utiliser les murs ainsi situés en y palissant des cordons plantés à $0^m,30$ les uns des autres. Cependant, il ne faut pas l'oublier, les pommes acquièrent une valeur bien plus grande quand elles se sont développées en plein soleil. Souvent, dans la culture du pêcher, on utilise le bas des murs en y fixant très près du sol des cordons horizontaux de pommiers Calville, qui donnent alors des fruits superbes.

Taille.

Toutes les opérations de taille d'hiver et de pincement sont sensiblement les mêmes que celles du poirier; nous renvoyons donc à ce qui a été dit à ce sujet. Cependant on peut dire d'une façon générale que la ramification fruitière du pommier peut sans inconvénient être tenue plus courte que celle du poirier, et cela aussi bien lors du pincement que de la taille. La raison en est que les yeux de la base des rameaux sont capables de se développer plus facilement que chez les poiriers.

Maladies.

Le pommier est attaqué très fréquemment par un insecte, le *puceron lanigère*, qui pique ses rameaux, les déforme et empêche toute production fruitière. On a proposé de nombreux remèdes pour le détruire. Celui qui nous a donné les meilleurs résultats est l'application, pendant l'hiver, d'une émulsion de pétrole à 5 p. 100 dans une dissolution de savon à 3 p. 100.

Récolte des fruits.

Il faut récolter les fruits d'hiver tard, mais cependant avant les froids. On les range sur des tablettes d'un local affecté à la conservation des fruits.

PÊCHER

La pêche est un fruit que chacun apprécie; aussi quiconque possède un jardin veut cultiver des pêches. Cependant, sans être absolument difficile, cette culture présente quelques particularités qu'il faut indispensablement connaître si on veut l'entreprendre et la conduire avec succès.

Variétés.

On cultive un certain nombre de variétés qui se distinguent plus par la qualité du fruit et son époque de maturation que par sa forme, dont les variations sont assez peu saillantes.

On les divise en deux sections : l'une, à beaucoup près la plus importante, comprend les *pêches duveteuses;* l'autre, les *pêches lisses* ou *brugnons.* La culture des unes et des autres est absolument la même.

Pêches duveteuses

Amsden, fin juin et juillet.
Grosse-Mignonne, fin août.
Belle-Beauce, commencement de septembre.
Bon-ouvrier, fin septembre.
Lady Palmerston, septembre-octobre.
Salway, octobre.

Brugnons

Lord Napier, août.
Victoria, fin septembre.

Multiplication. — Choix du sol.

On greffe le pêcher en écusson sur *pêcher franc*, sur *amandier* et sur *prunier*. La greffe sur franc est pratiquée surtout dans le Midi.

On greffe sur amandier quand le sol dont on dispose est sec et profond, siliceux, argilo-siliceux; que si au contraire le sol est calcaire et plus humide, il est préférable de greffer sur prunier.

Le pêcher ne vient bien qu'à la condition d'être placé à une bonne exposition. Sous le climat de Paris, sa culture est exclusivement faite en espalier. Les meilleures expositions sont sud-est et sud-ouest.

Formes.

Dans les régions du sud et du sud-ouest de la France, on peut planter des pêchers à tiges dans les massifs de bois. C'est un arbre qui forme un agréable ornement à cause de sa belle floraison hâtive. Quand on cultive le pêcher en espalier, il faut, à moins d'être arboriculteur consommé, donner la préférence aux formes simples et d'installation facile. En effet, le plus souvent la vie du pêcher est de courte durée et, pour une cause ou pour une autre, il n'est pas rare de voir une branche dépérir. Si l'arbre est à charpente compliquée et très régulière, cela fait un vide qu'il est souvent difficile de combler.

A Montreuil-aux-Pêches, le plus souvent on ne donne aucune forme régulière aux pêchers; on profite des branches qui se présentent le mieux pour couvrir le mur le plus complètement possible.

Si l'on veut cependant avoir des formes régulières, on donnera la préférence aux palmettes à deux, quatre ou six branches, telles que nous les avons indiquées pour le poirier, avec cette différence que les branches de charpente devront être distantes de 0^m,50 les unes des autres.

Dans le cas de la création de formes régulières, on coupe, au moment de la plantation, le rameau du pêcher, résultat de la greffe de l'année précédente, au-dessus du point où se trouvent les yeux qui donneront les deux ou trois branches nécessaires à la formation de la charpente. Que si au contraire on veut adopter le mode de culture de Montreuil, lequel a pour lui l'avantage d'une fructification plus rapide, on laisse le rameau en ne lui supprimant que le tiers environ de sa longueur.

Quand les branches d'un pêcher meurent, souvent le sujet, amandier ou prunier, repousse; il est bon de ne pas arracher cette souche, mais de profiter des rejets pour y greffer à nouveau des rameaux de pêcher.

Taille et pincement.

La taille de la branche qui prolonge la charpente ne diffère de celle du poirier qu'en ce qu'elle peut être faite plus longue, et cela notamment pour la raison que cette branche se garnit, dès l'année même où a lieu son élongation, de ramifications latérales, résultant du développement hâtif d'yeux qui, chez la plupart des arbres, restent stationnaires jusqu'à l'année d'après.

Quand, sur une branche de charpente, un œil se développe en bourgeon, on le laisse s'allonger jusqu'à ce qu'il ait environ 0^m,30; à ce moment on le pince et on le palisse contre le mur. Le plus ordinairement il émet après ce pincement de nouveaux prolongements dont on arrête le développement par une section renouvelée sur chaque

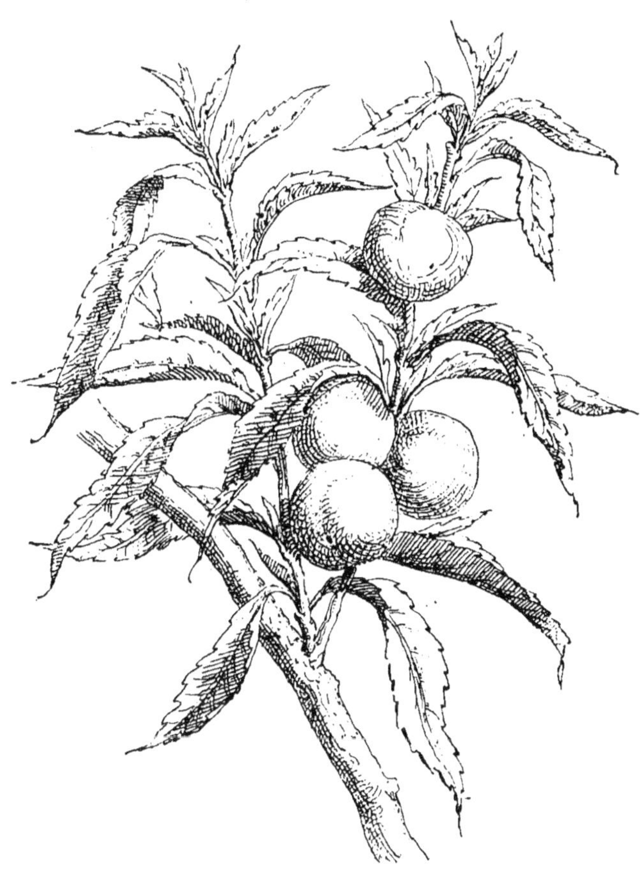

Fig. 89. — Branche à fruit du pêcher avec rameau de remplacement.

bourgeon à nouveau émis. On arrive ainsi à produire un rameau moyennement vigoureux qui fleurira dès le printemps suivant.

On ne traite de la sorte que les bourgeons bien

placés, c'est-à-dire ceux qui sont situés parallèlement au mur à droite et à gauche de la branche de charpente; on enlève dès leur apparition tous ceux qui sont en avant de la branche ou entre celle-ci et le mur.

La taille n'a lieu qu'après l'hiver, alors que les yeux commencent à se développer et qu'il est facile de reconnaître ceux qui produiront des fleurs. On taillera le rameau au-dessous du pincement de façon à lui laisser porter de trois à six fleurs. Ces fleurs sont plus ou moins éloignées de la base de la branche, mais, le plus souvent, les yeux situés le plus bas ne produiront que des rameaux et non des fruits.

Un certain nombre de rameaux ne se sont pas allongés; on n'a pas eu à les pincer; on n'aura donc pas à les tailler. On constate qu'au printemps ils se terminent par plusieurs fleurs. On donne à cette production le nom de *bouquet de mai*.

Après la taille les fleurs s'épanouissent, puis, un peu plus tard les bourgeons qui les accompagnent commencent à se développer. Tous ces bourgeons seront pincés sévèrement à trois ou quatre feuilles, excepté un que l'on choisira, situé le plus inférieurement possible et qui sera chargé l'année d'après de remplacer le rameau qui porte fruit (fig. 89). En effet, chez tous nos arbres à fruit à noyau, les fleurs ne se montrent jamais que sur les rameaux de l'année précédente. Donc un rameau qui a fructifié n'est plus bon à rien, on l'enlèvera à la taille suivante et il sera remplacé par le bourgeon conservé avec soin et qui pourra, à son tour, donner du fruit. Ainsi s'établira une succession indéfinie de rameaux sans cesse renouvelés et portant fruit.

Revenons à notre rameau taillé qui avait des fleurs et dont nous avons pincé tous les bourgeons sauf un. Si aux fleurs succèdent des fruits et que, notamment ces fruits soient situés à l'extrémité du rameau, il n'y aura rien de plus à faire que les pincements indiqués. Mais il arrivera souvent qu'il ne restera qu'un ou deux fruits à la base ou même qu'il n'en restera pas du tout.

Dès que les fruits sont à demi formés, on inspecte l'arbre et si certains rameaux ne portent fruits qu'à la base, on enlève au sécateur l'extrémité inutile. Que si, il n'y a pas de fruits du tout, et que le bourgeon de remplacement soit peu vigoureux on coupera le rameau jusque près de ce bourgeon. C'est ce que l'on appelle faire la taille en vert. C'est une opération indispensable à la bonne venue des arbres.

Maladie.

Les pêchers sont souvent atteints d'une maladie grave qui fait périr la branche entière. Cette maladie est la production de la *gomme.* Il est difficile de la combattre, mais il est assez aisé de la prévenir en partie du moins. On a remarqué, en effet, qu'elle se produit surtout quand les arbres sont soumis à une humidité trop grande, aussi, dans ce cas, l'action des abris est-elle le plus souvent décisive et l'on peut dire qu'il ne faut jamais cultiver de pêchers sans munir les murs d'abris mobiles faisant saillie de $0^m,40$ environ en avant du mur.

Récolte des fruits.

Les fruits doivent être récoltés seulement quand ils sont mûrs, ce dont on s'assure en les prenant entre les doigts, il ne faut pas appuyer sous peine de faire des taches qui détériorent le fruit. Quand les pêches sont récoltées on les pare en les brossant légèrement à l'aide d'une brosse molle à chapeaux. On avive ainsi le coloris.

ABRICOTIER

Sous le climat de Paris l'abricotier est un arbre capricieux. Le climat commence à être trop froid pour que l'on puisse assurer la réussite de la fructification des arbres de plein air et cependant, en général, on ne considère pas que cet arbre vaille les honneurs de l'espalier. D'où cette situation bâtarde et mal définie. A proprement parler, l'abricotier est surtout un arbre du sud et du sud-ouest. Là il donne chaque année d'abondantes récoltes.

Multiplication. — Choix du sol.

L'abricotier se greffe en écusson généralement

sur prunier, sous notre climat. Dans le Midi on choisit souvent comme sujet l'amandier ou même le pêcher. On conçoit que dans ces conditions ses exigences au point de vue du sol sont celles du sujet qui le porte. Ainsi sur prunier il vient même

Fig. 90. — Abricot-pêche.

dans les sols secs, cependant les terrains argilo-siliceux ou argilo-calcaires lui conviennent mieux.

Variétés.

Abricotier précoce, maturité fin juin.
  — *commun*, maturité juillet.
  — *royal*, maturité fin juillet.
Abricotier-pêche (fig. 90), maturité août.

Formes.

Quand on veut cultiver les abricotiers en plein vent on leur donne alors la forme à tige. C'est un bel arbre à végétation rapide, à feuillage abondant, d'un vert gai et qui ne tombe que sous l'action des premières gelées. On peut donc le planter dans le jardin d'agrément où lors de sa fructification il produira un bel effet décoratif.

Si l'on veut être assuré de récolter des fruits chaque année et qu'on veuille les obtenir beaux, il faut les cultiver en espalier, on choisit alors les variétés *Abricotier-pêche* et *Abricotier royal*. La forme la meilleure est la palmette à quatre ou six branches. On laisse entre les branches une distance de $0^m,30$. Une exposition chaude est nécessaire.

Taille.

La taille de l'abricotier a beaucoup d'analogie avec celle du pêcher. Cependant il convient de pincer beaucoup plus court et le plus souvent un seul pincement suffit. La taille ne fera donc que rectifier le pincement et laissera chaque rameau fruitier aussi court que possible. Toute la difficulté de la taille de cet arbre est dans l'obtention d'un bourgeon de remplacement, puisque, comme le pêcher, l'abricotier ne fructifie que sur le rameau de l'année précédente. Souvent il se produit des vides qu'il est difficile de combler.

Quand l'arbre est soumis à la forme de plein-
vent, il serait difficile d'opérer le pincement, mais
il est utile de pratiquer la taille qui consiste à couper à $0^m,10$ environ toutes les petites ramifications
latérales et à laisser plus longues celles qui terminent les branches formant la charpente. On
arrive ainsi à avoir un arbre bien formé où l'air
circule librement entre les rameaux et qui porte
des fruits plus beaux que lorsque la taille n'est
pas pratiquée.

Comme le pêcher, l'abricotier est sujet à la
gomme. L'application des abris au-dessus des
murs d'espalier est donc indispensable.

PRUNIER

Le prunier est un arbre rustique, peu exigeant,
et qui chez nous vient très bien et fructifie abondamment dans tous les jardins.

On multiplie les bonnes variétés par la greffe soit
en écusson, soit en fente. Ces greffes se font sur
prunier franc ou différentes sortes de pruniers sauvages que, dans les pépinières on multiplie, par
éclats ou boutures.

La seule forme vraiment bonne pour la culture
du prunier est celle en tige, à l'air libre. D'ailleurs
la culture se réduit à fort peu de chose.

Planté en toute terre, un peu fraîche si cela est

possible, le prunier se développe rapidement. On peut dans les premières années, diriger, par la taille, la formation de la charpente et éviter ainsi que les branches ne se croisent et ne se nuisent les unes aux autres. Plus tard les pruniers seront abandonnés à eux-mêmes et la seule taille consistera à enlever le bois mort ou à couper un certain nombre de rameaux quand on voit que l'arbre manquant de vigueur ne donne plus que des fruits chétifs.

Il arrive fréquemment que de grosses branches meurent sans que l'on en sache bien la cause. Il faut les couper jusque sur le bois vif et le plus souvent elles sont bientôt remplacées par de jeunes rameaux vigoureux qui bientôt se mettent à fruit et comblent ainsi le vide fait par l'ablation de la branche morte.

Souvent chez les pruniers la fructification est extrêmement abondante au point que si l'on n'y prenait garde, les branches casseraient sous le poids du fruit. On pare à tout accident en soutenant à l'aide de perches les branches trop chargées.

Le prunier est exempt de toutes maladies, mais il est souvent ravagé par un certain nombre d'espèces de chenilles. Le plus souvent elles forment des sortes de nids faits de feuilles sèches qu'il est facile de voir en hiver et qu'il importe beaucoup de couper et de brûler. D'autres fois les papillons pondent les œufs en forme de bagues autour des petits rameaux et il devient dès lors à peu près impossible de les découvrir et de les détruire.

Au printemps, les chenilles écloses se rassemblent en grandes masses, d'abord à l'extrémité des rameaux que l'on coupe et que l'on brûle, puis à

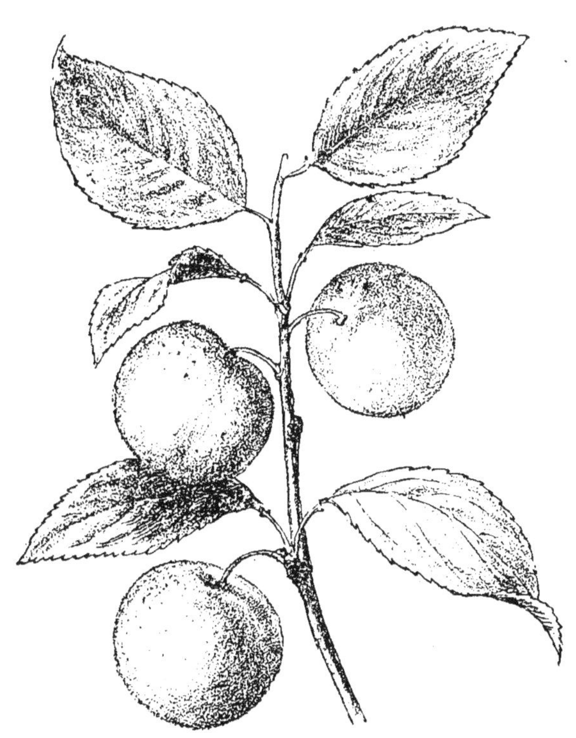

Fig. 91. — Prune Reine-Claude.

l'enfourchement des grosses branches d'où on les fait tomber dans un seau plein d'eau.

Les variétés de pruniers que l'on cultive sont nombreuses, mais l'on n'en compte que quelques-unes qui soient vraiment estimées de tout le monde et dont on puisse d'une façon absolue, recommander la culture. Parmi les meilleures nous citerons :

Prunier Reine-Claude (fig. 91), maturité août.
—   *petite Mirabelle*, maturité août.
—   *Monsieur hâtif*, maturité mi-août.
—   *Reine-Claude violette*, maturité sept.
—   *Quetsche*, maturité septembre-octobre.

CERISIER

Les cerises, ces fruits que chacun aime et admire à cause de leur jolie forme, de leur couleur agréable, que chacun apprécie parce qu'ils viennent les premiers et qu'ils sont comme l'annonce de toutes les fructifications à venir, les cerises ont produit un nombre très considérable de variétés qui se divisent en catégories.

Dans une première sont rangées les cerises proprement dites et les *griottes*, qui toutes ont une saveur plus ou moins acidule, fraîche, et qui à cause de cela sont très appréciées du public.

Une autre section comprend les cerises essentiellement sucrées, *guignes* et *bigarreaux* à chair plus ferme, souvent croquante, sucrée jusqu'à l'excès. Ce sont les préférées des enfants.

Les cerises proprement dites, en plus de leur usage comme fruit de table, servent encore à la confection d'une foule de préparations culinaires, confitures, cerises à l'eau-de-vie, etc. Il est même une de ces variétés, la *cerise de Montmorency*, qui est rarement consommée autrement que cuite, car elle est très acide.

Variétés par ordre de maturation.

Anglaise hâtive, maturité commencement de juin.
Impératrice, maturité juin.
Reine Hortense, maturité juin-juillet.
Grosse transparente, maturité juillet.
Montmorency, maturité juillet.
Belle de Châtenay, maturité fin juillet.

Guigne et Bigarreau

Bigarreau gros blanc, maturité juin.
Guigne Beauté de l'Ohio, maturité juin.
Bigarreau noir, maturité juillet.

Culture.

Les diverses variétés de cerises se greffent sur trois sujets différents qui sont : le *franc*, le *merisier* et le *cerisier de Sainte-Lucie*. Suivant que la greffe est faite sur telle ou telle essence, l'arbre peut être planté dans un terrain différent.

Greffé sur franc, il vient très bien dans les sols frais, argileux. Quand dans le sol le calcaire domine, c'est le merisier qu'il convient de choisir comme sujet. Enfin le cerisier greffé sur Sainte-Lucie vient dans un sol sec, mais il reste peu développé et forme rarement de grands arbres.

Le cerisier est généralement cultivé à tige et abandonné à lui-même; non soumis à la taille, il produit des fruits abondants pour peu que le terrain lui convienne. Il peut former de très beaux arbres, dont la cime arrondie couverte au printemps de belles fleurs blanches et ornée plus tard de beaux fruits rouges ne dépare certes pas un massif du jardin d'agrément.

Les bonnes variétés de cerises, Anglaise, Impératrice, Belle de Chatenay, peuvent avec grand avantage être cultivées en espalier. Ce sont des arbres qui se forment facilement, on peut donc faire de belles palmettes.

On plante les variétés hâtives au sud et au sud-est pour obtenir des fruits très précoces, et les variétés tardives au nord. On a alors de très beaux fruits à l'arrière-saison.

Quand les arbres sont cultivés en espalier, il faut maintenir les branches à $0^m,25$ d'écartement et soumettre les rameaux fruitiers au pincement et à la taille. Le pincement est pratiqué court à quatre ou six feuilles sur tous les rameaux qui s'allongent; beaucoup d'entre eux restent à l'état de bouquet de mai. A la taille on coupe au-dessus du pincement. Il faut toujours tâcher d'avoir des rameaux de remplacement, les rameaux ne fructifiant qu'une fois.

La taille des rameaux de prolongement sera toujours faite longue, mais assez courte cependant pour que tous les yeux qu'ils portent se développent.

On récolte les cerises quand elles sont mûres,

cependant elles peuvent attendre sur l'arbre quelque temps sans se gâter.

Les oiseaux sont très avides de ses fruits. Pour les éloigner, on met dans l'arbre des épouvantails, qui, le plus souvent, il faut en convenir, ne servent pas à grand'chose. Le meilleur cependant est une buse ou tout autre oiseau de proie empaillé, les ailes ouvertes. Pour les cerisiers d'espaliers, le mieux est de les recouvrir lors de la maturité d'un canevas léger qui les protège efficacement.

GROSEILLIER

Le groseillier est un arbuste de culture facile, de production abondante, dont on cultive les diverses espèces dans les jardins à cause des produits assurés et chaque année renouvelés qu'ils donnent.

Les espèces que l'on cultive sont les groseilliers à *fruits rouges* (fig. 92) et *blancs*, ceux à *fruits noirs* ou *cassis*, spécialement cultivés pour la confection de liqueurs, et les *groseilliers épineux* ou *à maquereaux* (fig. 93).

Les groseilliers sont fort peu exigeants quant à la nature du sol; ils viennent à peu près dans tout terrain, pourvu que celui-ci soit suffisamment frais. Dans les terrains secs, le fruit reste petit et de bonne heure se dessèche sur le pied.

Tous les groseilliers se multiplient facilement

par voie de bouturage. Tous les jeunes rameaux peuvent servir à faire des boutures, lesquelles s'enracinent avec la plus grande facilité et peuvent, dès la seconde année, constituer des plants que l'on peut mettre en place.

Fig. 92. — Groseillier à fruits rouges.

On cultive le plus généralement les groseilliers en touffes, mais on peut aussi avec quelque avantage en étaler les branches sur des fils de fer tendus. Les branches ainsi plus éclairées fructifient mieux et donnent des fruits plus beaux.

On peut utilement pratiquer un pincement sur

tous les rameaux latéraux des branches du groseillier. Ce pincement a pour effet immédiat de mettre ces rameaux à fruit. A la taille on sectionne au-dessous du pincement, lequel a été fait court. Il faut quand on taille le prolongement se préoccuper du point de savoir si les yeux conservés sont

Fig. 93. — Groseillier épineux ou à maquereaux.

viables. En effet, dans certaines variétés de groseillier rouge, et notamment dans la *Versaillaise*, qui est de toutes, celle qui est le plus estimée, il arrive souvent qu'un certain nombre d'yeux soient avortés. Prévenu, on taille plus haut pour conserver des yeux fertiles.

Presque tous les groseilliers drageonnent et émettent au pied de la plante une quantité de jeunes rameaux qui l'épuisent inutilement. Il convient de les enlever dès leur apparition. S'il vient à se produire un vide dans la touffe, c'est un de ces rameaux qui le comblera. On prévient en partie le drageonnement en éborgnant sur les boutures tous les yeux de la partie qui doit être enterrée.

On greffe quelquefois les groseilliers à maquereau sur tige. On se sert, dans ce cas, comme sujet d'un groseillier d'ornement appelé *Groseillier doré*, à cause de la belle couleur jaune que prennent ses fleurs. Cette greffe donne généralement des arbustes assez peu vigoureux. La récolte des fruits est, dit-on, plus commode sur des arbustes ainsi traités que sur ceux cultivés en touffes.

Les moineaux et autres oiseaux sont très friands, l'hiver, des bourgeons de groseilliers. Ils causent souvent ainsi de grands ravages. Il convient de leur faire la chasse.

FRAMBOISIER

Le frambroisier est un arbrisseau dont les fruits, doués d'une odeur agréable, sont très généralement estimés. Cette plante a des rameaux qui ne vivent que deux années. La première, ils se développent vigoureux et après avoir fructifié la seconde année, ils se dessèchent.

On cultive des variétés à fruits *rouges* et fruits dits *blancs* (de fait ils sont jaunes). Dans les anciennes variétés, le rameau qui sort de terre ne fructifiait qu'après l'hiver passé, la seconde année.

On a créé des variétés dites *remontantes*, qui ont l'avantage de porter fleur sur l'extrémité des rameaux de la première année, ce qui ne les empêche pas de fructifier encore l'année suivante.

Le framboisier aime les sols fertiles, mais surtout suffisamment humides. Dans les sols secs, il ne donne aucun bon produit; ses fruits se dessèchent de bonne heure. Une exposition au nord, à l'ombre, lui convient très bien; on peut donc le planter sous d'autres arbres, ou mieux dans une plate-bande, le long d'un mur au nord.

La culture du framboisier est facile. On le plante par touffes de deux ou trois brins et on les coupe à environ $0^m,80$ au-dessus du sol. Au printemps suivant, ils émettent des ramifications qui se terminent par des grappes de fruits qui mûrissent de bonne heure. En même temps, il se développe, partant du pied, des drageons qui vont fructifier à l'automne, même si la plante appartient à une variété remontante. L'hiver venu, on supprimera les rameaux de l'année précédente, en les coupant ras le sol et l'on taillera les rejets de l'année à $0^m,80$.

Il faut deux ou trois ans pour que les frambroisiers prennent bien possession du terrain et donnent de vigoureux rejets. Après ce temps, ceux-ci deviennent tellement abondants qu'il faut en enlever et n'en laisser que cinq ou six par touffe si l'on veut avoir de beaux fruits. On conserve, entre les touffes un écartement de 0^m,80 environ.

On peut aussi planter les framboisiers en lignes et, tendant un fil de fer au devant de cette ligne, y fixer chaque brin vigoureux.

La multiplication se fait en prenant les rejets inutiles et les transplantant à l'endroit voulu.

FIGUIER

Il est peu de petits jardins où l'on n'ait eu la curiosité de planter un figuier et, cependant, rarement le succès couronne l'entreprise, sous le climat de Paris tout au moins; car, plus au sud, le figuier ne gèle pas et se comporte, par suite, comme tous les autres arbres. Cependant, sous quelque climat qu'il soit cultivé, il est un mode spécial de taille qu'il est bon de connaître, car il donne d'excellents résultats.

Sous notre climat, le mieux est de ne pas planter le figuier dans un coin ou près d'un mur; l'abri en est tout à fait insuffisant. Il convient de faire la plantation en plein carré dans une fosse creuse d'environ 0^m,30. On donne au plant une direction oblique, inclinée sur le sol et cela pour la raison qu'en novembre, lorsque l'arbre sera complètement dépouillé de ses feuilles, après avoir lié ses branches on les couche dans le sol, et on les recouvre de 0^m.30 de terre.

Le figuier passe ainsi l'hiver sans souffrir du froid. Dès que les fortes gelées seront passées, en février ou mars, on remet à l'air les branches du figuier.

De bonne heure, on voit apparaître à l'extrémité des rameaux des petites figues nombreuses, qui accompagnent, le plus souvent par deux, chaque bourgeon. Dès lors, à l'aide de la pointe d'un greffoir, on coupe le bourgeon terminal et chacun de ceux qui est accompagné par des fruits.

Le résultat de cette opération est que les figues se développent rapidement tandis qu'elles seraient tombées si on ne l'avait pratiqué. Cet ébourgeonnement a pour effet de faire se développer des rameaux au-dessous de cette sorte de grappe de fruits. Ces rameaux sont conservés; ce sont ceux qui remplaceront celui qui a porté fruit et que l'on supprime avant d'enterrer les branches, à l'entrée de l'hiver.

On multiplie le figuier par marcottes qui reprennent aisément.

Sous le climat de Paris, les meilleures variétés à cultiver, sont la *figue violette* et la *figue verte* d'Argenteuil.

FIN

TABLE DES GENRES ET ESPÈCES

MENTIONNÉS DANS L'OUVRAGE

Nota. — Les chiffres gras indiquent la page où l'article
est principalement traité.

TABLE DES MATIÈRES

DEUXIÈME PARTIE

LE JARDIN D'AGRÉMENT

TROISIÈME PARTIE

CULTURE POTAGÈRE

QUATRIÈME PARTIE

ARBORICULTURE FRUITIÈRE

PARIS. — IMP. C. MARPON ET E. FLAMMARION, RUE RACINE, 26.

www.ingramcontent.com/pod-product-compliance
Lightning Source LLC
LaVergne TN
LVHW021516170726
843501LV00004B/892